BLOWER TESTS: ENSAYOS DE PRESURIZACIÓN ESTACIONARIA

Caracterización de la permeabilidad de la envolvente de edificios de consumo casi nulo y casas pasivas

Por

Dr. Francisco Huera-Huarte

Ingeniero Industrial. Profesor Titular, Universitat Rovira i Virgili

BELLISCO
Ediciones Técnicas y Científicas

MADRID

1ª Edición 2024

© *Francisco Huera Huarte*
© *BELLISCO. Ediciones Técnicas y Científicas*
  Cebreros 152. Local Posterior
  28011 MADRID

  Teléfono: **91 464 18 02**
  Correo Electrónico: ***información@belliscovirtual.com***

Librería On-Line: ***www.belliscovirtual.com***

PEDIDOS:

1. *Por Teléfono: 91 464 18 02*
2. *En web,* ***www.belliscovirtual.com***
3. *Correo Electrónico:* ***pedidos@belliscovirtual.com***
4. *En su librería habitual*

Impreso en España
Printed in Spain

ISBN: 978-84-128031-1-2
Depósito Legal: M-5900-2024

IMPRESO POR: *SERVICEPOINT. Madrid*

Índice

Prólogo

La presente obra es resultado de una serie de proyectos de transferencia de tecnología al sector productivo, realizados por el autor en los últimos años, y destinados a la cuantificación de la estanqueidad de edificaciones de consumo casi nulo (ECCN) o de alta eficiencia. Algunos de estos trabajos tienen origen en el interés de promotores, por conocer detalladamente las prestaciones de ciertos elementos constructivos de la envolvente de sus edificaciones. En general, este interés despierta en el momento en que, con el paso del tiempo, se constata que los consumos energéticos asociados a la operación y uso de las construcciones, no son los esperados de acuerdo a proyecto y a los certificados energéticos otorgados. Como resultado, el autor ha desarrollado recientemente un sistema para ensayar la estanqueidad de huecos de la envolvente de los edificios, in situ, es decir una vez instalados. Aunque los fabricantes encargan ensayos de estanqueidad de sus puertas y ventanas a laboratorios de certificación, se constata que una vez instalados, la clase de estanqueidad medida en laboratorio puede distar mucho de la que finalmente se consigue en obra. Como se verá en el texto, la eficiencia energética de los edificios, es altamente dependiente de la permeabilidad de su envolvente, y por tanto garantizar niveles adecuados de estanqueidad, es fundamental. Los resultados de los ensayos que permite realizar el sistema desarrollado, en paralelo a los que se ya se producen con ensayos de presurización estacionaria global de la envolvente (blower door tests), permiten obtener una información muy valiosa, tal y como se demuestra en este libro.

Por otro lado, aunque en los últimos años el número de ensayos de estanqueidad que se realizan en viviendas ha ido en aumento, las normativas todavía no los exigen de forma obligatoria. Con toda seguridad, las normas van a hacerse todavía más estrictas en el futuro, si se quiere llegar a los niveles de eficiencia deseados e impuestos por los gobiernos Europeos, y si se quiere realmente conseguir niveles de eficiencia energética elevados. Como veremos en este texto, la única forma de conseguirlo pasa por asegurar una buena aplicación de las normas, y para ello es necesaria la realización de ensayos en las edificaciones.

La bibliografía existente que trata este tema en particular, tiene en la mayoría de los casos el formato de guía o manual práctico, con poco rigor técnico y sin prestar especial atención al detalle de los fundamentos teóricos asociados a las técnicas de ensayo descritas. Esto hace que sea muy difícil que ingenieros, arquitectos y técnicos acaben formalizando sus conocimientos con la solidez necesaria, más allá de los aspectos prácticos de las técnicas de medida empleadas.

Sobre el autor

El autor de esta obra estudió Ingeniería Industrial (2003) en la Universitat Politècnica de Catalunya, consiguiendo el premio al mejor proyecto de fin de carrera de entre todas las escuelas técnicas superiores de Cataluña, otorgado por el Colegio de Ingenieros Industriales de Cataluña (EIC). En 2006 obtuvo su doctorado en el Departament of Aeronautics de Imperial College London, con una beca del Consejo de Investigación en Ingeniería y Ciencias Físicas (EPSRC) del Reino Unido, bajo la supervisión del profesor Peter W. Bearman. Desde entonces se dedica a la investigación en el campo de la mecánica de fluidos y la interacción fluido-estructura, con aplicaciones en ingeniería mecánica, naval y aeronáutica, en la Universitat Rovira i Virgili (URV) de Tarragona. En la última década, además, ha desarrollado también aplicaciones de ingeniería bioinspirada/biomecánica y en el ámbito de las energías renovables y la eficiencia energética.

En 2008 recibió una beca otorgada por el panel de Ingeniería y Ciencias Físicas del Programa Marie Curie International Outgoing Fellowship (IOF), de la Comisión Europea, para investigar en Estados Unidos. Después de un periodo de dos años en el Department of Aerospace del California Institute of Technology, en Pasadena, como Postdoctoral Scholar in Aeronautics dentro del grupo del profesor M. Gharib, volvió a la URV en 2010 y estableció el Laboratorio de Interacción de Fluido-Estructura (LIFE). Desde entonces, ha atraído, como investigador principal (IP), financiación competitiva de la Comisión Europea, de la Agencia Estatal de Investigación y de la agencia catalana AGAUR, por más de 1.5 millones de euros en forma de proyectos de investigación y becas de doctorado para sus estudiantes. Ha publicado más de 40 artículos en las mejores revistas indexadas de su ámbito, ha realizado más de 65 presentaciones en conferencias internacionales y diversos seminarios como invitado, en Caltech, Imperial College London, UMass Amherst, University of Southern California, ESPCI-CNRS (ParisTech) y la Ecole Polytechnique de Paris. También ha liderado multitud de proyectos de transferencia financiados por la industria, para empresas como IDIADA Automotive Technology, NISSAN Ibérica, Essity, US Navy, IREC, IKEA, Alstom Wind, Asics, etc.). En 2018 fue co-organizador (co-Chair) de la primera conferencia celebrada en España de la American Association of Mechanical Engineers (ASME), Division of Offshore Mechanics and Arctic Engineering (OMAE), con más de 1250 asistentes. En la actualidad es Editor Asociado del Journal of Fluids and Structures y lo fue en el periodo 2018-2020 del ASME J. Offshore Mechanics and Arctic Engineering.

En 2014 recibió el prestigioso premio **Agustín de Betancourt y Molina**, otorgado por la Real Academia de Ingeniería a investigadores menores de 40 años. En 2015 recibió el premio **Isabel de P. Trabal** de la Fundación Caja de Ingenieros. Aparece desde 2019, en la lista publicada anualmente por Stanford, en la que se incluyen los científicos más influyentes del mundo en su campo.

Capítulo 1

Introducción

La presente monografía se centra en el estudio experimental de las infiltraciones de aire en los edificios. En las últimas décadas se ha dejado clara la importancia de la estanqueidad de las edificaciones en normativas y estándares de certificación, y como consecuencia se han empezado a realizar ensayos para la cuantificación de las infiltraciones, en nuevos edificios de alta eficiencia energética. Aún con todo, **el tratamiento de las infiltraciones a través de la envolvente de los edificios, es en general, un gran desconocido sobre todo para constructores y promotores pero también para arquitectos, ingenieros y otros técnicos proyectistas del sector de la construcción**, si se compara con el conocimiento adquirido en otros aspectos relativos a la eficiencia energética en la construcción, como por ejemplo en el caso del aislamiento en la envolvente.

Las infiltraciones de aire en los edificios resultan en perdidas energéticas cuantiosas. Ya en la década de los 80, estimaciones de algunos autores (Sherman, 1980), establecían que implican alrededor de 1/3 de la carga térmica de los edificios y que suponían aproximadamente el 10 % del gasto total energético de los Estados Unidos. Más recientemente algunos autores han establecido que la estanqueidad de las edificaciones puede contribuir hasta en un 50 % de la demanda de calefacción y hasta un 20 % de la refrigeración

ENSAYOS DE PRESURIZACIÓN ESTACIONARIA

(Orme, 2001; Sharples et al., 2005; Jokisalo et al., 2009; Zheng et al., 2020).

No existe el edificio perfectamente estanco y, por tanto, siempre que exista diferencia de presiones entre el interior y el exterior del edificio, existirá un caudal (Q) de infiltraciones a través de su envolvente térmica. Los lugares típicos en los que se producen las infiltraciones, además de a través de suelos, fachadas y cubiertas, son principalmente las puertas y ventanas y en menor medida los conductos, chimeneas, extractores, huecos de instalaciones de fontanería y de instalaciones eléctricas.

Las infiltraciones no son más que el transporte de masa de aire y energía a través de grietas y singularidades existentes en la envolvente del edificio, cuando existe diferencia de presiones. La pérdida energética (E) debida a las infiltraciones depende no solo del caudal de aire, sino que también de su densidad (ρ), de su capacidad calorífica (C_p) y del salto térmico (ΔT) entre el interior y el exterior del edificio,

$$E = \rho Q C_p \Delta T \tag{1.1}$$

La ecuación anterior, expresa que mayores serán las perdidas cuanto mayor sea el caudal de infiltraciones y mayor diferencia de temperaturas tengamos entre el interior y el exterior del edificio. Dado un diseño concreto de edificio, la predicción de las perdidas energéticas que se producirán como resultado de las infiltraciones, no es tarea sencilla. Aunque la densidad, la capacidad calorífica del aire y la diferencia de temperaturas se puedan obtener con relativa facilidad, el caso del caudal de infiltraciones es mucho más complejo. Para describirlo en profundidad y poder modelizarlo a nivel físico, necesitaríamos estudiar en detalle no solo la dinámica de fluidos a través de las propias grietas (véase capítulo 3), sino que también la aerodinámica externa e interna de las edificaciones, acoplada a los procesos térmicos que se producen en la envolvente. Solo así, podríamos describir las diferencias de presiones que generan los caudales de infiltración a través de la envolvente. Se trata de fenómenos no lineales de extrema complejidad, que incluso hoy en día, con el uso extendido de ordenadores con los que realizar simulaciones numéricas avanzadas, quedan fuera del ámbito del proyecto de edificios.

En el capítulo 2.2, veremos como los modelos de cálculo en que se basan las normativas, acaban produciendo simplificaciones en exceso, y debido a la complejidad intrínseca del problema, se producen resultados muy alejados de la realidad. La conclusión es que **deben realizarse mediciones experimentales si se quiere estimar con garantías, el caudal de infiltraciones a través de la envolvente de un edificio**. Como consecuencia, vistas las complejidades asociadas al modelado de las infiltraciones en edificios, ya desde la década de los 50 se viene trabajando en el desarrollo de metodologías para la medición experimental de la permeabilidad. En la revisión de literatura de Hitchin and Wilson (1967), se describen métodos de estudio experimental de la ventilación natural en edificios. En un primer gran bloque de tipos de medida se tienen los sistemas de **gas trazador**, en otro bloque se tratan los sistemas para medir el campo de velocidades y los patrones de flujo en los edificios. Por último se habla del uso de modelos a escala para estudiar la ventilación. En esa revisión, ni siquiera aparecen los métodos de soplado o presurización estacionaria, y se cita como el más utilizado el método de gas trazador. Éste último, a grandes rasgos, consiste en la introducción de cierto volumen conocido de un gas en el edificio, para después estudiar la tasa de decaimiento de su concentración en función del tiempo. Dependiendo de la manera de introducir el gas y otros parámetros, se tienen diferentes métodos de medida (Lagus and Persily, 1985), pero general los ensayos son costosos, no solo a nivel económico sino en cuanto al tiempo necesario para medir el decaimiento del trazador, sino que también por el tiempo de espera necesario para conseguir una mezcla homogénea de concentración inicial en el interior del edificio. Por otro lado, las incertidumbres en la medida del caudal de infiltraciones suelen estar en el orden del 15 % (Hitchin and Wilson, 1967), siendo en general ligeramente superiores a las que suelen darse con otros sistemas de medida. En una revisión mucho más actual, Zheng et al.

ENSAYOS DE PRESURIZACIÓN ESTACIONARIA

(2020) describe los métodos de medida de infiltraciones alternativos a la presurización estacionaria o ensayos de soplado, destacando características como el nivel de formación necesario para ejecutar los ensayos, el nivel de preparación del edificio para realizar el ensayo, así como el tiempo de ensayo y preparación necesarios.

La tendencia en las últimas décadas es el uso de **métodos de presurización estacionaria, conocidos como ensayos de soplado, puerta soplante o blower door test** en inglés. Este método es el que se trata en profundidad en esta monografía, ya que se caracteriza por su sencillez de implementación, por ir acompañado de una descripción teórica adecuada y por estar hoy en día incluido en toda una serie de normativas, fruto de la investigación que se realizó en la década de los 80.

Este texto, pretende no solo dar los conocimientos teóricos necesarios al técnico, sino que también los conocimientos prácticos requeridos, a través de casos y análisis concretos. En el capítulo 2, se trata de forma breve, la parte de las normativas que son de aplicación hoy en día, en lo que se refiere a las infiltraciones en las edificaciones. A continuación, en el capítulo 3, se describen una serie de conocimientos previos necesarios para poder ahondar más fácilmente, en los aspectos prácticos que se desarrollan en el documento. El capítulo 4 configura el núcleo central del libro, y en él, se trata el detalle de la caracterización experimental de la envolvente y sus componentes. Finalmente, en los tres últimos capítulos se presentan casos prácticos, uno con la caracterización global de la envolvente de una vivienda unifamiliar, y dos con la caracterización detallada de componentes de la envolvente (ventanas).

Capítulo 2

La permeabilidad de la envolvente en normativas

En este capítulo se describen y comentan brevemente las normativas de aplicación en España y otras de referencia. El énfasis, se da al análisis de como estas normas tratan los aspectos relativos a la permeabilidad y las perdidas energéticas asociadas.

2.1. Normativa Española

Las construcciones que se llevan a cabo en territorio nacional están sujetas al cumplimiento de los requisitos establecidos en el **Código Técnico de la Edificación (CTE)**. La última versión del CTE (2019) se recoge en el Real Decreto 732/2019 del 20 de diciembre, por el que se modifica la anterior versión de 2006 publicada en el Real Decreto 314/2006, de 17 de marzo, así como la revisión que se produjo en 2013.

En lo que se refiere a eficiencia energética, la norma despliega toda una sección, en forma de **Documento Básico de Ahorro de Energía (DB HE)**. El origen de esta parte del CTE, es la Norma Básica de la Edificación sobre Condiciones Térmicas de los edificios, de 1979 (NBE CT-79). En ella se establecían condiciones muy poco estrictas, y limitadas al ámbito referido al aislamiento térmico de la envolvente. El documento actual, ajustado a las normativas Europeas (Directiva 2010/31/UE, relativa a la Eficiencia Energética de los Edificios), se subdivide en 6 secciones, que tratan en profundidad los aspectos más importantes de la gestión energética de las edificaciones:

- Limitación del consumo energético (HE0)

- Condiciones para el control de la demanda energética (HE1)

- Condiciones de las instalaciones térmicas (HE2)

- Condiciones de las instalaciones de iluminación (HE3)

- Contribución mínima de energía renovable para cubrir la demanda de agua caliente sanitaria (HE4)

- Generación mínima de energía eléctrica (HE5)

El ámbito de aplicación del DB HE es para todos los edificios de nueva construcción. También es de aplicación en intervenciones en edificios existentes, siempre que supongan o una ampliación que incremente más del 10 % la superficie o volumen construido (si la superficie total ampliada supera los 50 m^2), o bien un cambio de uso en superficies útiles de más de 50 m^2. También en el caso de reformas en las que se actúe sobre las instalaciones de generación térmica, y en más del 25 % de la superficie total de la envolvente térmica final del edificio.

La norma establece una definición para los **Edificios de Consumo de energía Casi Nulo (ECCN)** o en inglés **Nearly Zero Energy Building (nZEB)**, como aquellos edificios de nueva construcción o existentes, que cumplen con las exigencias reglamentarias establecidas en el Documento Básico de Ahorro de Energía (DB HE), en lo referente a la limitación de consumo energético para edificios de nueva construcción. En definitiva, se trata de edificios de muy alta eficiencia energética, en los que se minimizan las pérdidas y la mayor parte del consumo de energía se cubre con fuentes renovables. En general, la aplicación de la norma implica una limitación de las necesidades totales de energía del edificio (no se podrá consumir más de 60 kWh/m^2 al año de energía primaria total) y una limitación de consumo energético de fuentes no renovables (máximo alrededor de 30 kWh/m^2 al año de energía primaria no renovable). Esto se consigue, diseñando edificios caracterizados por:

- Gran aislamiento térmico en la envolvente

- Ausencia de puentes térmicos

- Limitación de las ganancias solares en verano

- Elevada estanqueidad de la envolvente y sus elementos

- Niveles de humedad y condensaciones controladas

El aislamiento térmico, en términos generales, se consigue utilizando sistemas constructivos y materiales que aseguren una baja conductividad térmica en la envolvente. Esto debe combinarse con un diseño adecuado que no permita la existencia de puentes térmicos, o lo que es lo mismo, evitar singularidades de la envolvente en las que se producen discontinuidades en el aislamiento, o en las que la conductividad térmica es más elevada que en el resto de partes. La limitación de las ganancias solares requiere de un diseño que tenga en cuenta la orientación del edificio, el uso de sistemas de control solar en las fachadas, la propia geometría del edificio y su compacidad, el uso de materiales avanzados en los vidrios, etc. Por último, el tema central del que trata esta monografía, y que es de extremada importancia, el **control de la permeabilidad al aire de la envolvente**. Este concepto, aparece como novedad en la última versión del CTE y es crucial para entender la gestión energética de las edificaciones.

Por otro lado, y no menos importante es la relación entre la permeabilidad de la envolvente y la calidad del aire interior. Los ECCN, caracterizados por una gran estanqueidad de la envolvente, deben tener un sistema de ventilación adecuado, ya sea resultante de aplicar ventilación mecánica controlada o sistemas híbridos. El control de la ventilación es necesario en el caso de envolventes de gran estanqueidad, para conseguir un control de la humedad, de los niveles de CO_2, de la concentración de radón, etc. adecuados y saludables. Estos aspectos se tratan en el Documento Básico HS de salubridad y quedan fuera del ámbito concreto de esta monografía, dedicada exclusivamente a la cuantificación experimental de las infiltraciones en la envolvente, aunque son de gran relevancia en el proyecto de edificaciones.

2.2. Tratamiento de la estanqueidad en el CTE

Desde el punto de vista de la física, podríamos decir que cada uno de los aspectos detallados anteriormente están relacionados con los diferentes modos de transferencia de calor, por tanto, a grandes rasgos, el aislamiento y la ausencia de puentes térmicos buscan minimizar las perdidas por **conducción** a través de la envolvente, minimizando la transmitancia global del edificio; la limitación de las ganancias solares busca minimizar la transferencia de energía por **radiación**; y finalmente la permeabilidad de la envolvente puede asociarse a la **convección**.

En esta obra se trata un aspecto de extrema relevancia, que a mi modo de ver se ha descuidado en las últimas décadas, y que, aunque se ha introducido en la última revisión del CTE, éste sigue sin otorgarle la importancia que realmente tiene. Hablamos de la cuantificación experimental de la permeabilidad, y por tanto de la medición de uno de los principales factores que inciden sobre las pérdidas energéticas en las viviendas.

El CTE limita la permeabilidad de las edificaciones (DB HE1 tablas 3.1.3a y 3.1.3b), y establece unos máximos en función de la zona climática y la compacidad del edificio. La norma, define la **compacidad** como la relación entre el volumen interior (V) de la edificación, y la superficie de la envolvente en contacto con el aire exterior y con el terreno (S). La compacidad (V/S) por tanto, nos indica el volumen disponible en el interior, respecto a la superficie en la que se produce la transferencia de calor, y debería ser lo más grande posible, si se quiere tener una elevada eficiencia energética. Es decir, se debe conseguir maximizar el espacio interior de un edificio, manteniendo la mínima superficie de intercambio de calor posible en su envolvente. En ocasiones se utiliza el valor inverso, es decir superficie de transferencia de calor respecto a volumen (S/V), y se buscará entonces minimizarlo.

En la tabla DB HE1 3.1.3a del CTE (2019), se ponen los límites a la permeabilidad de los huecos de la envolvente, y se menciona que debe tenerse especial cuidado, en los encuentros que se dan entre huecos y opacos, así como en las puertas de paso de espacios no acondicionados. La tabla indica los valores límite de caudal de infiltraciones a 100 Pa, en los todos los huecos de la envolvente (Q_{100}), expresado en $m^3/h \cdot m^2$, es decir en caudal referido a la superficie del hueco. Los valores van desde 9 a 27 $m^3/h \cdot m^2$, siendo las exigencias más elevadas en climas más estrictos. Por tanto, una primera restricción que impone el nuevo CTE a los ECCN, es la calidad de los huecos (ventanas, puertas, claraboyas, lucernarios, etc.), que deberán ser como mínimo de clase 2 y clase 3 en climas estrictos (AENOR, 2017b). En el capítulo 4.3 de esta monografía, se trata en detalle el tema de la cuantificación de la permeabilidad de los huecos en edificios, y en los capítulos 6 y 7 se muestran casos prácticos, resultado de ensayos en obra (no en laboratorio) de componentes de la envolvente (en este caso, de ventanas), de viviendas unifamiliares. Es importante resaltar, como se verá más adelante, que la clase de estanqueidad de los huecos la proporciona el fabricante después de hacer medidas en laboratorio, y que los valores pueden distar enormemente de los valores reales conseguidos en la instalación en obra, tal y como se verá en el capítulo 4.3 de esta monografía, de ahí la **importancia de cuantificar la permeabilidad in situ**, con los elementos instalados.

Por otro lado, además de las características que deben cumplir los huecos, la tabla DB HE1 3.1.3b indica los valores máximos de permeabilidad global que puede tener la envolvente de un edificio (incluyendo los huecos). Estos valores son de obligado cumplimiento, solo en el caso de edificios nuevos de uso residencial privado, con superficie útil total superior a 120 m^2. Para cuantificar la permeabilidad global de la envolvente, se usa el caudal de aire en m^3/h a través de la envolvente a una presión de referencia, y se normaliza respecto el volumen interior de la vivienda. El valor que se usa típicamente es el llamado Q_{50}, que es el caudal de infiltraciones en m^3/h a través de la envolvente, a la presión de referencia de 50 Pa. En su forma normalizada, se suele usar el numero de renovaciones de aire del volumen interior a 50 Pa o n_{50}, en h^{-1}. Éste último, no es más que el valor Q_{50} dividido por el volumen interior de la vivienda (V). Es importante destacar que el n_{50} es un valor de referencia, a diferencia del Q_{50} que es un valor medido con exactitud. Esto se debe a que aún habiendo medido experimentalmente con mucha precisión el valor Q_{50}, y teniendo el volumen (V) perfectamente calculado, el n_{50} no puede describir exactamente el numero de renovaciones de aire reales que se producen en el edificio, nos da un orden de magnitud. Depende de factores mucho más complejos asociados a la aerodinámica externa e interna de la vivienda, que depende a su vez de la geometría, así como del lugar en que se está presurizando o despresurizando, del lugar en el que se producen las infiltraciones, de si hay más o menos zonas de estancamiento o remanso en el interior, etc. En la tabla DB HE1 tabla 3.1.3b, se limita el n$_{50}$ a 6 h^{-1} cuando la compacidad es mayor o igual a 4, y a 3 h^{-1} si es menor o igual a 2. Es decir, en aquellas edificaciones en las que se tiene gran superficie de envolvente respecto el volumen que encierra, la norma es menos estricta y se permite tener menos estanqueidad. Para tener un valor de referencia, las viviendas unifamiliares o edificios de pequeño tamaño, tienen compacidades (V/S) típicas, que oscilan entre 1 y 1.75, por lo que el valor límite n$_{50}$ a considerar en ese tipo de edificaciones, sería el de 6 renovaciones por hora.

En el anejo H del DB HE1, se describen las maneras que el CTE considera para calcular la permeabilidad de la envolvente. La estimación debe realizarse mediante ensayo de presurización estacionaria, o bien realizando una estimación con valores de referencia.

El cálculo se hace en base a una expresión, que estima el volumen de infiltraciones a través de los huecos y a través de la envolvente, y los refiere al volumen interno que delimita la envolvente (V), después de multiplicarlos por un escalar. Los parámetros que aparecen en la expresión además del volumen, son la superficie opaca de la envolvente (A_0), la superficie de huecos en la envolvente (A_h), el coeficiente de permeabilidad de los huecos a 100 Pa (C_h) y el coeficiente de caudal de aire de la parte opaca de la envolvente (C_0), ambos expresados en en m^3/h·m^2 y a la presión de referencia de 100 Pa. El coeficiente C_0 se obtiene de la tabla a-Anejo H, donde se diferencia entre nuevas construcciones (C_0=16 m^3/h·m^2) y existentes (C_0=29 m^3/h·m^2). Cabe que destacar que estos coeficientes son realmente altos, y no se detalla como se han obtenido. La expresión tiene la forma:

$$n_{50} = 0{,}629 \left(\frac{C_0 A_0 + C_h A_h}{V} \right) \qquad (2.1)$$

Se entiende que **solo en el caso de que el resultado n_{50} obtenido no cumpla con los valores límite establecidos en la tabla DB HE1 tabla 3.1.3b, debe realizarse un ensayo de soplado** para justificar la exigencia impuesta.

Es importante destacar, que los valores que se obtienen mediante la expresión 2.1, pueden oscilar mucho en función de los valores de área y volumen utilizados, pudiendo pasar de cumplir a no cumplir y viceversa con pequeños cambios en esos valores de entrada. Un estudio reciente (Poza-Casado et al., 2022) se ha centrado en comparar los resultados de cerca de 400 ensayos de presurización estacionaria en diferentes viviendas españolas, con las estimaciones de la tasa de renovación n_{50} resultantes de aplicar la expresión 2.1. El estudio destaca lo que ya era obvio, **el modelo propuesto por el CTE (2019) no produce estimaciones correctas de las infiltraciones en edificios**. Las correlaciones que aparecen en el estudio, son menores al 20 % y muestran una alta dispersión entre los valores experimentales y los estimados mediante la expresión incluida en la norma. Se concluye, que la **única manera de obtener**

de forma realista el caudal de infiltraciones, es la realización de ensayos experimentales, y de aquí el interés de esta obra para técnicos y proyectistas.

Es fácil darse cuenta, del hecho que la transmitancia de la envolvente, depende básicamente de los materiales utilizados y de la geometría y la configuración de los mismos. Los fabricantes realizan ensayos detallados para estudiar su conductividad y la de combinaciones de diferentes materiales, y por tanto las propiedades térmicas se mantienen tras la instalación en obra, si no se han modificado esos parámetros respecto el ensayo. Lo mismo ocurre en relación a aquellos aspectos relacionados con el control solar. Las herramientas para la simulación del comportamiento de la transferencia de calor por conducción de la envolvente, o de la influencia de la radiación solar en los edificios, están muy evolucionadas, y se han mejorado notablemente en las últimas décadas a pasos acelerados, en paralelo al incremento del poder de cálculo de los computadores personales. De hecho, muchos de los paquetes comerciales de simulación, ya se integran en paquetes de modelado paramétrico tridimensional de las edificaciones (Building Information Modeling, BIM). No ocurre lo mismo en el caso de las infiltraciones de aire a través de la envolvente. El problema es mucho más complejo de simular, ya que depende de muchos aspectos interrelacionados difíciles de tratar numéricamente:

- Geometrías de envolvente nada sencillas que priman en muchas ocasiones el diseño, frente a la eficiencia.

- Flujo a través de grietas y orificios (capítulo 3), distribuidos en diferentes zonas de la envolvente (ventanas, puertas, encuentros de materiales, agujeros de instalaciones, cavidades varias, etc.)

- Efectos acoplados del entorno (temperatura, viento, etc.) y la transferencia de calor a través de la envolvente resultante, con el flujo a través de las grietas.

- Efectos de la aerodinámica exterior e interior de la edificación sobre el flujo a través de las grietas y como esto influye en las presiones sobre la envolvente.

En consecuencia, aunque la última versión del CTE trata los aspectos relativos a las perdidas por infiltraciones y exige unos límites muy claros, su aplicación en la práctica es muy compleja y el proyectista acaba usando valores de referencia (expresión 2.1). Como hemos visto, los valores que resultan suelen estar muy alejados de los que realmente se dan en la construcción. Además, la norma española, a diferencia de otros estándares de certificación existentes, como por ejemplo la del Instituto Passivhaus alemán, no obliga a realizar mediciones de las infiltraciones. Si añadimos el hecho de que el proyectista en muchas ocasiones no es consciente de la importancia de las infiltraciones, y con toda seguridad lo es menos el promotor o constructor, la parte del proyecto relativa a la estanqueidad de los edificios, acaba tratándose como un puro trámite administrativo. El problema es que en realidad, tiene unas implicaciones en la eficiencia energética durante la vida útil de los edificios, de suma importancia. Recordemos, que ya en los años 50 del siglo pasado, algunos autores estimaban que las infiltraciones podían suponer más del 10 % de la factura energética global de todos los Estados Unidos (Sherman, 1980).

Cabe destacar aún con todo, que el hecho de que en el nuevo CTE (2019) incluya el tratamiento de la permeabilidad en las edificaciones, es un gran paso en la dirección de la eficiencia energética, para que poco a poco se vaya adquiriendo conciencia de su gran importancia, no solo en el ámbito de la eficiencia energética, sino que también para el control de la humedad y la calidad del aire en interiores. De este modo, se pone este aspecto al mismo nivel de importancia que la transmitancia del edificio y el control de la radiación solar. Por otro lado, viendo la dirección que están tomando las directivas y las imposiciones de la Unión Europea, en materia de eficiencia energética, parece evidente que en futuras revisiones de los Eurocódigos y por tanto del CTE, **es muy probable que la caracterización experimental de la envolvente, sea obligatoria**. Actualmente, el DB HE es muy concreto y establece valores máximos de permeabilidad para los huecos y para la envolvente de los edificios, y la única forma de asegurar la implementación práctica de la norma, es mediante la exigencia de ensayos que, hoy en día, no son obligatorios. Es impensable que, en otros sectores, como por ejemplo el de la automoción, se pretendiera que los fabricantes construyeran motores de combustión interna, sin tener que demostrar mediante ensayos que cumplen de forma estricta las normativas de emisiones impuestas.

2.3. Sistema de certificación PassivHaus

El estándar Passivhaus (casa pasiva) busca el diseño de edificaciones de elevadas prestaciones energéticas. Tal y como su nombre indica, se trata de hecho, de que prácticamente no requieran de aporte activo de energía. Por tanto, las edificaciones pasivas se caracterizan por un elevado aislamiento térmico acompañado de una elevada estanqueidad, y resultan en construcciones de una gran calidad del aire interior, ya que incorporan sistemas de ventilación forzada con recuperación de calor (sistemas de Ventilación Mecánica Controlada, VMC). Se estima que **el diseño pasivo permite reducir el consumo energético en un 70 % aproximadamente, si se compara con construcciones convencionales**.

El estándar se desarrolló a finales de los años 80 en Alemania, estrenándose el primer edificio construido bajo estas directrices en 1990, en la ciudad de Darmstadt. Poco después en 1996, en la misma ciudad, se creó el Passivhaus-Institut para promover las directrices sobre casas pasivas, y se extendió rápidamente en la década de los 90 no solo en Alemania, sino que también en Austria. En los Estados Unidos, el primer edificio pasivo fue construido en 2003 en Illinois, aunque la primera certificación por el Passivhaus Institute se emitió en 2006. En España la primera certificación Passivhaus es de 2009, en una vivienda unifamiliar de Granada.

En general, las condiciones que debe reunir una edificación para poder ser certificada como casa pasiva, son:

- Demanda máxima de energía útil para calefacción de 15 kWh/m^2 al año, o demandas de pico inferiores a 10 W/m^2.

- Si se requiere refrigeración, la demanda máxima de energía útil para refrigeración será de 15 kWh/m^2 al año, o demandas de pico inferiores a 10 W/m^2 (con una concesión para deshumidificación).

- **Estanqueidad de la envolvente menor a 0.6 h^{-1} a 50 Pa (n_{50}), verificada mediante ensayo**.

- Consumo de energía primaria total doméstica (calefacción, refrigeración, agua caliente sanitaria y electricidad) menor a 60 kWh/m^2 al año.

- Existencia de confort térmico en todas las estancias, que implica que en no más del 10 % de las horas del año, se superen los 25ºC sino se tiene refrigeración activa, y la humedad relativa se mantenga en general por debajo de 20 %.

La certificación gira alrededor de **5 principios básicos: elevado aislamiento en la envolvente, ausencia de puentes térmicos, elevada estanqueidad de la envolvente, cerramientos de altas prestaciones (en cuanto a transmitancia global y estanqueidad) y ventilación con recuperación de calor**. Como valores de referencia, se tiene que la envolvente debe tener transmitancia igual o menor a 0.15 W/m^{2}K. En cuanto a los cerramientos, los marcos deben ser de altas prestaciones con cristales de baja emisividad y cámara rellena de gases (argón, por ejemplo) que permitan obtener valores de transmitancia menores a 0.8 W/m^{2}K y factores solares del orden del 50 %. La ventilación mecánica debe permitir recuperar al menos el 75 % de la energía utilizada para la climatización. Por último, las infiltraciones de aire a través de la envolvente deben minimizarse para conseguir valores obtenidos mediante ensayo en obra, menores a 0.6 renovaciones por hora a 50 Pa. Este elevado nivel de estanqueidad demuestra de nuevo la importancia de limitar las infiltraciones y se destaca el hecho de que, junto a esta elevada estanqueidad, se debe diseñar un sistema de ventilación mecánica controlada. Es otra de las grandes diferencias respecto el CTE, y que en general produce gran confusión en los proyectistas no especialistas en estas cuestiones, ya que el CTE permite el diseño de sistemas de ventilación no controlados o híbridos, al mismo tiempo que se exige gran estanqueidad de la envolvente, asegurando la calidad del aire interior, aspectos no siempre compatibles entre sí, si el diseño no es adecuado.

Como vemos, aunque la normativa española contempla ya, los mismos conceptos que el estándar de casa pasiva del Passivhaus Institut, es mucho menos restrictiva y concreta. El CTE no requiere de medidas experimentales de las infiltraciones. Al no requerir ensayos para cuantificar el valor n_{50}, deja huérfana la exigencia de hermeticidad de las viviendas, ya que no hay manera de estimarla de forma correcta sin hacer ensayos, y los técnicos acaban utilizando valores más o menos adecuados en función de sus necesidades. Es típico ver como en gran cantidad de los proyectos visados, se utilizan caudales de ventilación natural o híbrida que no se corresponden con los niveles de estanqueidad de los huecos, por ejemplo, y que por tanto resultan en niveles de ventilación no adecuados para garantizar la calidad del aire interior o el control de la humedad. Si se diseña en base a caudales de infiltración incorrectos, no se pueden tomar decisiones correctas en relación al diseño de la ventilación. Si a esto le añadimos un diseño poco detallado de las instalaciones térmicas, o en muchas ocasiones inexistente (es común encontrarse que sea en base a simples indicaciones del instalador), el fracaso está asegurado. En ambientes húmedos, es bastante frecuente encontrarse con niveles excesivos de humedad en el interior de las viviendas que, sin barreras de vapor, y sistemas de ventilación adecuados, pueden llegar a degenerar en condensaciones en elementos de la envolvente, en suelos, en trasdosados, etc., o incluso en la aparición de hongos de interior en zonas concretas de las viviendas.

El estándar de casa pasiva requiere ensayos de soplado (presurización/despresurización estacionaria de la envolvente de la edificación), para evitar aplicaciones o interpretaciones erróneas basadas en la intuición o en valores de referencia, que no contemplan las tipologías reales. Es evidente que en las próximas revisiones del CTE deberán introducirse cambios que permitan la aplicación práctica de la norma, exigiendo ensayos cuantitativos para obtener la hermeticidad de la envolvente en obra, y de ahí el interés de esta monografía.

2.4. El caso específico de los huecos de la envolvente

El CTE (2019) trata de forma muy superficial y con una exigencia muy limitada, el caso específico de la estanqueidad de los huecos de la envolvente, como se ha comentado en la sección 2.1. La sección de referencia es la 3.1.3 del DB HE1 y más concretamente la tabla 3.13 (figura 2.1). Como puede verse la exigencia es de huecos clase 3 como mínimo en las zonas climáticas C, D y E, y de clase 2 en el resto de zonas.

Valor límite de *permeabilidad al aire* de *huecos* de la *envolvente térmica*, $Q_{100,lim}$ [m³/h·m²]

	Zona climática de invierno					
	α	A	B	C	D	E
Permeabilidad al aire de huecos ($Q_{100,lim}$)*	≤ 27	≤ 27	≤ 27	≤ 9	≤ 9	≤ 9

* La permeabilidad indicada es la medida con una sobrepresión de 100Pa, Q_{100}.
Los valores de permeabilidad establecidos se corresponden con los que definen la clase 2 (≤27 m³/h·m²) y clase 3 (≤9 m³/h·m²) de la UNE-EN 12207:2017.
La permeabilidad del hueco se obtendrá teniendo en cuenta, en su caso, el cajón de persiana.

Figura 2.1: Valores de estanqueidad al aire normalizados con la superficie del hueco, en función de la zona climática. Extraída del DB-HE del CTE (2019) .

A modo de ejemplo, en la zona interior de la Península (zonas D y E), la normativa actual permite huecos que tengan caudales de infiltración de hasta 9 m³/h· m² a 100 Pa de presión. A nivel teórico, una velocidad de viento de aproximadamente 13.5 m/s (48.5

km/h), incidiendo de forma perpendicular a la envolvente, generaría una presión dinámica de aproximadamente 100 Pa en el punto de estancamiento. Para tener un orden de magnitud práctico, en esas condiciones, se cumpliría la norma aun teniendo un caudal de infiltraciones de 34 m^3/h a través de, por ejemplo, una balconera de dimensiones 1.8 x 2.1 m. Esto, supone que en una vivienda de 180 m^2, asumiendo un volumen interior de 450 m^3, teóricamente tendríamos más de 13 renovaciones por hora de todo el aire interior, a través únicamente de esa balconera. Estos números sirven solamente para destacar el bajo nivel de exigencia, ya que es poco probable que se den las condiciones detalladas, y aún si se dieran, el número de renovaciones no sería el calculado, por todas las razones que se han comentado en el apartado 2.2, en relación al n_{50}. Si destacan por contra, que las exigencias impuestas a los huecos y a la envolvente en forma global, pueden no ser consistentes entre sí.

La clasificación de los huecos se realiza gracias a ensayos de laboratorio, que el fabricante encarga normalmente a entidades externas acreditadas. En la figura 2.2 aparece un banco de ensayo para la clasificación de ventanas y puertas en laboratorio. Los ensayos y las características que deben cumplir los elementos, se describen en la norma UNE-EN 12207 (Ventanas y puertas, permeabilidad al aire. Clasificación, AENOR (2017b)). En la figura 2.3, aparece una tabla extraída de la norma, en la que se clasifican las ventanas y puertas en función del caudal de infiltraciones a 100 Pa (Q_{100}), obtenido mediante ensayo. El valor se normaliza bien con la superficie o con el perímetro del hueco. Si el caudal es mayor a 50 m^3/h· m^2, el elemento no entra en la clasificación, y los valores 50, 27, 9 y 3 m^3/h· m^2, marcan los máximos para las clases 1, 2, 3 y 4, respectivamente.

Los fabricantes ensayan muestras concretas, de manera que las certificaciones son específicas de la muestra ensayada. Se entiende que, si el proceso de fabricación no cambia respecto el elemento testado, se mantiene la clasificación de estanqueidad del elemento. Dicho esto, aparecen grandes desviaciones respecto a las muestras ensayadas, cuando los huecos son de gran tamaño, ya que es más complicado mantener la integridad de los elementos que componen

Figura 2.2: Ejemplo de banco de ensayo típico, para la clasificación de ventanas/puertas en laboratorio.

Clase	Permeabilidad al aire de referencia a 100 Pa m³/(h·m²)	Presión máxima de ensayo Pa
1	50	150
2	27	300
3	9	600
4	3	600

Figura 2.3: Valores de permeabilidad de huecos a 100 Pa, normalizados con la superficie, según la norma UNE-EN 12207 (AENOR, 2017b).

la ventana o la puerta, y garantizar rigidez del conjunto, necesaria para tener un alto nivel de estanqueidad. Además, hay que tener en cuenta, que los ensayos se realizan en laboratorio, en condiciones muy bien controladas, y con la ventana o puerta, instalada de forma ideal, en un banco experimental que dista mucho de la tipología arquitectónica en la que finalmente se instalará la ventana. Es decir, **el valor de permeabilidad que indica el fabricante, es el valor de permeabilidad estrictamente de la ventana y no de toda la gama de ventanas y su montaje concreto en obra**. De ahí la importancia de ensayar los huecos in situ, una vez instalados en el edificio en cuestión. Esta práctica a día de hoy es muy poco frecuente, de hecho, este servicio de ensayo en obra, no es ofertado por prácticamente ninguna empresa de certificación, ensayo o análisis energético de la edificación. En el capítulo 4 se describe un sistema de medida desarrollado por el autor de esta monografía, para realizar ensayos in situ de los componentes de la envolvente, es decir en el edificio ya construido o en fase de construcción. Así mismo, en los capítulos 6 y 7, se presentan resultados obtenidos con el sistema de medida desarrollado, en 2 ventanas de dos edificaciones distintas.

Los ensayos de presurización global de toda la envolvente (capítulo 4.2), proporcionan el caudal de infiltraciones total en el edificio, y complementados con ensayos de algunos de los huecos, permiten saber que parte de las infiltraciones se da en los huecos y cuales en el resto de la envolvente, otorgando una información muy valiosa, para instaladores, promotores, constructores, certificadores y técnicos proyectistas (ver capítulos 5 y 6).

Capítulo 3

Conocimientos previos

En este capítulo se tratan una serie de temas que son necesarios para comprender los conceptos que se desarrollan en el libro. La exposición, se hace de la forma menos técnica y breve posible, para que pueda ser aprovechada por lectores con diferentes perfiles. Inicialmente se discuten los modelos de flujo en los que se basan los ensayos de presurización estacionaria de la envolvente. A continuación, se describen las tecnologías más importantes para medir presión diferencial y caudal de aire en conductos.

3.1. Flujo a través de grietas u orificios

El problema del flujo a través de una grieta es de gran complejidad, ya que depende de muchos parámetros. Intuitivamente, se puede entender que la diferencia de presiones a ambos lados de la apertura, es uno de los parámetros dominantes, y que la geometría detallada de la grieta jugará a su vez un papel determinante. El problema debe entenderse en su forma más general posible, es decir, aquel modelo que permita predecir el caudal a través de una grieta, deberá funcionar de forma adecuada en cualquier tipo de grieta. Es evidente que en la envolvente de los edificios, podemos encontrar una gran cantidad de tipologías de grietas, aperturas y orificios.

ENSAYOS DE PRESURIZACIÓN ESTACIONARIA

Durante la década de los 60 y 70 se realizaron esfuerzos para buscar modelos teóricos que permitieran predecir el flujo a través de grietas, pensando en el problema de las infiltraciones a través de la envolvente de los edificios. El resultado de estas investigaciones fue la definición de, básicamente dos modelos teóricos para describir la relación caudal-presión en las infiltraciones en edificios, uno basado en una ley potencial, y otro en una ley cuadrática. El modelo más extendido, y que usan las normativas, como se verá en el capítulo 4, es el asociado a la ley potencial. Se ha determinado, que este último resulta en predicciones mejores, con relación a las que otorga el modelo cuadrático, cuando ambas se comparan con resultados experimentales de ensayos de presurización estacionaria en edificios (Etheridge, 1998).

El **modelo cuadrático** tiene origen en observaciones experimentales hechas ensayando ventanas (Thomas and Dick, 1953). Los ensayos demostraron que los datos se ajustaban realmente bien con una expresión del estilo,

$$\Delta P = AQ + BQ^2 \qquad (3.1)$$

en la que Q es el caudal de infiltraciones y ΔP el diferencial de presiones aplicado. Este modelo no solo tiene validez empírica, sino que se soporta de forma teórica, planteando un caso simplificado de relevancia, el de flujo laminar desarrollado entre dos placas infinitas estacionarias, separadas entre sí una distancia d. En éste, el perfil de velocidades es parabólico, y si se mantiene constante el gradiente de presiones a lo largo de la dirección en que se extienden las placas (z), integrando se puede obtener la expresión,

$$\Delta P = \frac{Q}{L} \left(\frac{12\mu z}{d^3} \right) \qquad (3.2)$$

en la que μ es la viscosidad dinámica del fluido y L es el ancho de las placas. Si se introduce una caída de presión para tener en cuenta el efecto del inicio y el final de las placas, aparece un segundo término (Baker et al., 1987), y la expresión queda,

$$\Delta P = \frac{Q}{L}\left(\frac{12\mu z}{d^3}\right) + c\frac{\rho}{2}\left(\frac{Q}{dL}\right)^2 \tag{3.3}$$

siendo ρ la densidad y c una constante adimensional. Vemos que, si en la expresión 3.1 se toma $A = \frac{12\mu z}{Ld^3}$ y $B = \frac{\rho c}{2d^2 L^2}$, se obtiene la misma forma que en la ecuación 3.3, que además, es dimensionalmente homogénea. En el ensayo de envolventes, como se verá en el capítulo 4, lo que se hace es aplicar una presión estacionaria al edificio para obtener el caudal de infiltraciones, de modo que la expresión tendría más sentido en la forma presentada por la ecuación 3.4, en la que aparece el caudal en función de la diferencia de presión aplicada.

$$Q = \frac{-A + \sqrt{A^2 + 4A\Delta P}}{2B} \tag{3.4}$$

El **modelo potencial**, además de sustentarse por innumerables ensayos realizados en las últimas décadas (Walker et al., 1998), se apoya en un desarrollo teórico también simplificado. Recordemos que el número de Reynolds, es un número adimensional que relaciona las fuerzas inerciales con las viscosas en el fluido, y tiene la forma, $Re = \frac{vd}{\nu}$, donde v es la velocidad del fluido, d es una distancia de referencia (en este caso de la grieta) y ν es la viscosidad cinemática del fluido. El número de Reynolds asociado al flujo a través de grietas se puede considerar inicialmente menor al de transición, por lo que un modelo de flujo laminar para tratar el problema, debería ser adecuado. Conceptualmente podríamos asimilar el flujo en grietas, al flujo a través de un orificio de diámetro d, en el interior y coaxial, a una tubería de diámetro D. A partir de ahí, pueden encontrarse las relaciones entre la presión y el caudal que atraviesa el orificio, de forma teórica. Una primera aproximación la podemos tener, asumiendo flujo incompresible y laminar de un fluido (de densidad ρ), lo que nos permite de forma sencilla, aplicar la ecuación de Bernoulli, entre un punto 1, aguas arriba en la tubería, y el punto 2, en el que se tiene el orificio. El resultado de ese ejercicio, es una expresión que nos proporciona el caudal vo-

ENSAYOS DE PRESURIZACIÓN ESTACIONARIA

lumétrico Q del fluido como función de la diferencia de presiones entre ambos puntos ($\Delta P = p_1 - p_2$),

$$Q = C_d \left(\frac{\pi d^2}{4} \right) \sqrt{\frac{1}{1 - \beta^4}} \sqrt{\frac{\Delta P}{\rho}} \qquad (3.5)$$

en la que se ha introducido el coeficiente de descarga C_d, para tener en cuenta pérdidas derivadas de la viscosidad y la transición a turbulencia, si es que se da. El coeficiente C_d indica la ratio entre la descarga real a través del orificio y la ideal. En definitiva, tenemos una ecuación del estilo,

$$Q = a\sqrt{\Delta P} \qquad (3.6)$$

en la que a depende del coeficiente de descarga, del área del orificio, de la densidad del fluido y de la relación de diámetros ($\beta = d/D$). El análisis dimensional nos dice que el coeficiente de descarga se puede describir mediante el funcional (Etheridge, 1977),

$$C_d = f(Re, z/d) \qquad (3.7)$$

donde z es la distancia a través de la grieta. Esta relación se ha comprobado empíricamente, haciendo experimentos con multitud de tipos de grietas (rectas, con forma de L, acodadas, etc.) y para diferentes rangos de Re, en los que se observó que los resultados mostraban una muy buena correlación (en general mayores al 98 % (Baker et al., 1987)) con una expresión del tipo,

$$\frac{1}{C_d^2} = k \left(\frac{Re^{-1}z}{d} \right) + m \qquad (3.8)$$

donde k y m dependen de la geometría de la grieta (de superficie A_g) ensayada, y de $C_d = \frac{Q}{A_g}\sqrt{\frac{\rho}{2\Delta P}}$.

En el pasado, ha existido controversia (Etheridge, 1998) en cuanto a que modelo (potencial o cuadrático) produce mejores interpolaciones de los valores encontrados, a los de niveles de presión de ensayo de edificios, que suelen ser menores. Se ha demostrado, que **la ley potencial tiende a representar mejor la relación entre**

28

presión y caudal para el caso de edificios con pequeñas grietas, o con combinaciones de grietas de diferentes tamaños (Etheridge, 1998), por lo que las normativas han acabando incluyendo el modelo potencial.

3.2. Sistemas de medida y adquisición de datos

Como se ha visto en el apartado anterior, el análisis experimental del flujo a través de grietas requiere de medidas de presión y caudal. La caracterización experimental de la envolvente que se describe en el capítulo 4, realizando ensayos de presurización estacionaria, implica realizar medidas de ambas magnitudes físicas. En este apartado, se tratan brevemente las nociones básicas asociadas a los sistemas de medida, así como los tipos de sensores usados más comúnmente para medir presión diferencial y caudal.

El objetivo de todo sistema de medida, es obtener datos, normalmente en forma de una serie temporal discreta, que pueda ser analizada en un computador. El proceso de medida implica una serie de elementos, que permiten transformar el fenómeno físico o magnitud que se quiere medir, en los valores finales almacenados en un soporte digital. El primero de esos elementos es el sensor o transductor, que se encarga de convertir la magnitud física en una señal eléctrica, que generalmente, es continua. La salida eléctrica del sensor, suele requerir de un acondicionamiento de señal específico. Este acondicionamiento, incluye todas aquellas transformaciones necesarias para conseguir una señal que pueda ser digitalizada de forma óptima. Algunas de las operaciones típicas que realizan los módulos de acondicionamiento de señal consisten en generar una alimentación estable, en convertir carga a voltaje, en amplificar, en aislar, en filtrar, etc. Cada sensor necesitará de un acondicionamiento específico para producir una salida adecuada, que pueda ser muestreada, y digitalizarse en un módulo de conversión analógico-digital. Este proceso, implica muestreo normalmente periódico, de la señal continua de salida del módulo de acondicionamiento, y debe realizarse teniendo en cuenta las características dinámicas de la señal y cumpliendo con el teorema de Shannon-Nyquist (Nyquist, 1928), es decir muestreando como mínimo, con una frecuencia de al menos dos veces superior al ancho de banda de la señal. Todo este proceso puede verse de forma esquemática, en el esquema en la figura 3.1. Los equipos de medida industriales suelen ser no tan flexibles y modulares, y en ocasiones se diseñan de forma que se tiene el acondicionamiento, la digitalización y el PC, en un solo equipo específico, que permite el uso de cierta gama de sensores. En la figura 3.2, puede verse un sistema de medida que incorpora todos los módulos detallados anteriormente, incluido el sensor, en un solo equipo portátil.

Figura 3.1: Esquema de un sistema de adquisición de datos flexible o modular genérico, basado en PC.

Figura 3.2: Ejemplo de un sistema de medida industrial.

3.2.1. Medida de presión diferencial

La presión es el resultado de la aplicación de una fuerza en una superficie. Sus unidades en sistema internacional son el Pa o el N/m^2. La presión puede entenderse como absoluta, relativa a la presión atmosférica o diferencial. Esta última es la que nos interesa para la aplicación a los sistemas de medida de la estanqueidad de la envolvente.

Las primeras mediciones de presión datan del siglo XVII, con la invención del barómetro de mercurio por parte de Evangelista Torriceli, que permitió medir por primera vez la presión atmosférica en detalle. Se utilizó un tubo parcialmente lleno de mercurio, con un extremo cerrado y uno abierto dentro de un recipiente de mercurio. La acción de la presión atmosférica en el recipiente producía variaciones en la altura del mercurio en el interior del tubo, indicando la presión ejercida por la atmósfera. Existen toda una serie de invenciones posteriores, utilizadas para el mismo fin, basadas en el uso de diferentes geometrías y fluidos.

Todavía hoy en día, se utilizan manómetros diferenciales para la medida de presión, aunque en la actualidad la mayoría de medidas de presión pasan por la medición, en general, de la deformación de un elemento sobre el que actúa la presión a medir. La deformación puede relacionarse directamente con la magnitud de la presión aplicada. Los **sensores de presión resistivos** son muy comunes y están basados en el uso de galgas extensiométricas, instaladas en una membrana que se deforma bajo la acción de la presión. La membrana se diseña de forma que sin romperse, permita grandes deformaciones para el rango de presiones que se quiere medir. Las galgas son sensores formados por un filamento metálico muy fino (constantán u otras aleaciones), embebido en una base normalmente polimérica, que permite la adhesión al cuerpo en el que se quiere medir la deformación. Por el efecto piezoresistivo, cuando se aplican esfuerzos sobre el cuerpo en el que está adherida la galga, ésta se deforma solidariamente con el cuerpo, y cambia su resistencia. Los cambios de resistencia son muy pequeños, de manera que el acondicionamiento de señal requiere de un puente de Wheatstone para producir voltajes de salida, aptos para poder ser digitalizados.

Otro tipo común de sensores de presión, son los **piezoeléctricos**, que fundamentan su funcionamiento en las propiedades de los cristales piezoeléctricos, como el cuarzo. Al aplicarse presión, se produce una distribución de carga, que puede convertirse a voltaje con el acondicionamiento adecuado. Los cristales piezoeléctricos solo detectan variaciones dinámicas de presión y no estacionarias, por lo que no se usan para medir presiones que no varían en el tiempo.

Los **sensores capacitivos** usan una configuración basada en un condensador, en el que sus electrodos están formados por una placa rígida y otra elástica. la deformación de la parte elástica, hace variar la capacidad del condensador, y esto, se puede relacionar con la presión aplicada. Otros tipos de tecnologías (sensores potenciométricos, inductivos, etc.), se pueden utilizar para de forma indirecta, medir la presión que actúa sobre el elemento elástico, al medir la deformación de una membrana.

Los sensores más utilizados en los últimos años para la medida de presión, por sus elevadas prestaciones a coste reducido, son los **dispositivos micro-electro-mecánicos o MEMS** (micro-electro-mechanical systems). Los MEMS suelen incorporar no solo el sensor propiamente dicho, sino que también el acondicionamiento, y en ocasiones el procesado de señal y la calibración, todo en un solo chip encapsulado. La parte del sensor, no es más que la miniaturización de las tecnologías descritas anteriormente, para medir la deformación de una membrana. En la figura 3.3 se puede ver, a modo de ejemplo, un sensor de presión diferencial MEMS. En las tomas de presión se conectan los tubos y la membrana interna está sujeta a la presión diferencial entre ambos. Tanto el sensor como la electrónica necesaria para producir una señal ya acondicionada, están encapsulados en un soporte de plástico, de manera que el conjunto no solo es de tamaño reducido, sino que muy robusto y de bajo coste.

Figura 3.3: Ejemplo de sensor diferencial MEMS con salida ya acondicionada, con un tamaño de aproximadamente 40 mm.

3.2.2. Medida de caudal

La otra magnitud que debe medirse para caracterizar la permeabilidad de la envolvente de un edificio, o de uno de sus componentes, es el caudal. Este apartado de la monografía se centra en la medición de caudales de aire, que es el fluido de interés, en el caso de la caracterización de la permeabilidad de envolventes de edificios. En el caso de líquidos, existen otros métodos de medida.

La medida del caudal es en general, muy compleja ya que está asociada al transporte de un fluido en un conducto, por lo que implica no solo conocimiento de la tecnología a usar para realizar la medida, sino que también de como evoluciona el fluido en el conducto. El caudal Q se define como el volumen de fluido que circula en un conducto por unidad de tiempo, y tiene como unidad en el sistema internacional, el m^3/s. Se identifica mediante el flujo volumétrico que pasa a través de cierta área A por unidad de tiempo. Si el flujo es perpendicular al área en el que se quiere medir el caudal, se utiliza la velocidad media v para definirlo, mediante la expresión vA. El problema es que, en la mayoría de los casos, la velocidad no es constante en todo el área, y lo que se tiene es una distribución de velocidades más o menos compleja, en función del régimen.

De la propia definición de caudal, puede verse que medir la velocidad del fluido en un conducto de área conocida, sería suficiente para obtener el caudal. En general, lo normal es determinar el **caudal de forma indirecta**, ya sea midiendo la velocidad del fluido, o la caída de presión (diferencial) que se da al pasar por una geometría específica, el movimiento de un elemento accionado por el flujo, etc.

La gran mayoría de medidores de caudal de aire en conductos, instalados a nivel industrial, son medidores que obtienen el caudal a partir de medidas de presión diferencial. La norma UNE-EN ISO 5167-1 (AENOR, 2023) trata en detalle las metodologías para la medición del caudal de fluidos mediante dispositivos de presión diferencial, intercalados en conductos circulares. Las normas UNE-EN ISO 5167-2 a UNE-EN ISO 5167-6 (AENOR, 2023), describen el método específico utilizado para generar la presión diferencial al medir, pudiendo ser placas de orificio, toberas, Venturis, tubos Pitot, conos y cuñas, respectivamente. Se trata de elementos normalizados, bien descritos y caracterizados gracias a la física de fluidos, que han acabado siendo estándares en la industria. De todos los mencionados en las normas anteriores, **los más usados son la placa orificio y el Venturi**. En todos ellos, la caída de presión debe medirse, usando cualquiera de las técnicas descritas en la sección 3.2.1. En la figura 3.4, extraída de la norma UNE-EN ISO 5167-4 (AENOR, 2003b), puede verse la caída de presión provocada por un tubo de Venturi instalado en una tubería en la que quiere medirse el caudal.

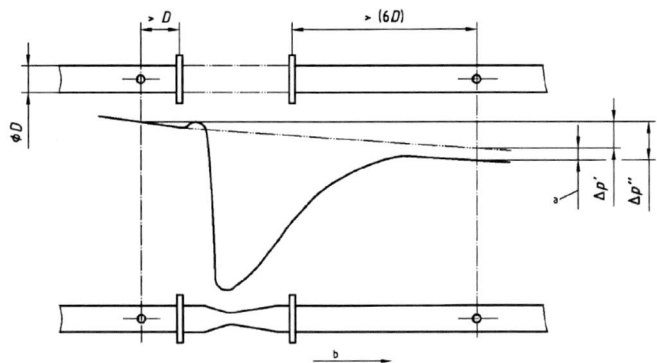

Figura 3.4: Caída de presión en un Venturi instalado en una tubería circular, extraído de la norma UNE-EN ISO 5167-4 (AENOR, 2003b).

Otros sistemas de medida, permiten obtener de forma local la velocidad del fluido en el conducto, es el caso de los tubos de Pitot o los anemómetros (ver capítulo 4.4.3). Los tubos de Pitot miden la presión dinámica (como la diferencia entre la presión total y la estática) en un punto concreto en el seno del fluido. El problema es, que usar una medida local de velocidad para obtener el caudal puede llevar a resultados del todo erróneos, debido a que el flujo puede ser poco uniforme en el conducto. Lo que se hace en esos casos, es medir en diferentes lugares del conducto, moviendo la sonda de Pitot a puntos predeterminados, para así poder obtener el perfil de velocidades o un valor medio representativo del flujo en el conducto. Este tipo de medidas se describen en la norma ISO 3966 (AENOR, 2020), en la que se detalla el procedimiento log-Tchebycheff (ver figura 3.5), que se puede aplicar a cualquier método de medida local, ya sea mediante Pitot o anemómetro de hilo caliente, por ejemplo. En todo caso, en tuberías de diámetro pequeño, para flujos de aire no muy elevados, una medida local del flujo podría ser suficiente para caracterizar el caudal en el conducto, siempre y cuando el sensor se calibrara adecuadamente. Este principio es el que usan los sensores de flujo másico o MAFs (Mass Air Flow sensors) comúnmente utilizados en los conductos de admisión de los motores de combustión interna, para controlar los caudales de mezcla que se dirigen a los cilindros, produciendo resultados excelentes. Su principio de funcionamiento es el de los sensores de hilo caliente, insertados en el conducto mediante un soporte a medida para la tubería. Normalmente, estos sensores incorporan acondicionamiento de señal y calibración, de manera que su salida es directamente el caudal medido, aunque realmente lo que hacen es medir el intercambio térmico entre el hilo y el fluido que pasa a su alrededor.

Existe un tipo de tubo de Pitot, conocido como promediado o Annubar, en el que se disponen varios orificios expuestos a la presión dinámica, a lo largo de la longitud del tubo, de manera que la medida es la resultante promediada en todos los puntos. Los métodos consistentes en el uso de medidas locales, no son prácticos teniendo en mente el tipo de ensayos necesarios para estudiar la

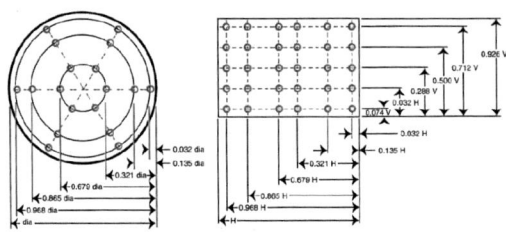

Figura 3.5: Lugares de medida descritos por el procedimiento log-Tchebycheff, según la norma ISO 3966 (AENOR, 2020).

estanqueidad de la envolvente de un edificio, por lo que no es común su uso. Si pueden servir para realizar medidas en laboratorio, ya sea para calibrar o verificar equipos a usar in situ, o con modelos a escala. También suelen usarse para complementar los ensayos de estanqueidad, midiendo en lugares concretos de la envolvente, como se verá en el capítulo 4.4.3.

Los medidores de caudal basados en elementos mecánicos accionados por el flujo (turbinas, copas, etc.), no suelen usarse para la medición en conductos, se suelen usar en corrientes abiertas. No solo producen medidas locales, sino que necesitan de espacios relativamente grandes con relación a las dimensiones de los conductos típicos.

Capítulo 4

Medida de la estanqueidad de la envolvente in situ

En este capítulo se describen los aspectos más importantes relacionados con la estanqueidad de la envolvente. Inicialmente, y a modo de introducción, se presentan las técnicas más comunes utilizadas hoy en día para conseguir reducir las infiltraciones en la envolvente de los edificios, así como los puntos débiles en los que normalmente se producen las infiltraciones. A continuación, se describen las características principales de los ensayos de presurización estacionaria de la envolvente o ensayos de soplado. La descripción se hace en paralelo a la de la normativa que los regula. Se procede a tratar el tema de la cuantificación del caudal de infiltraciones en los huecos in situ, es decir una vez instalados en obra. Por último, se describen brevemente algunas técnicas de medida que pueden utilizarse de forma complementaria a los ensayos de soplado.

4.1. Las infiltraciones en la envolvente

Además de asegurar la no existencia de puentes térmicos durante la fase de diseño del edificio, el proyectista debe tener claro cómo proceder con relación a las zonas en las que se producen normalmente las infiltraciones. Los **puntos sensibles del edificio**, en los que suelen darse las infiltraciones de aire a través de la envolvente, son:

- Encuentros de los cerramientos con los huecos en la envolvente, es decir, en la unión de los marcos de puertas, ventanas, claraboyas y lucernarios, con la fachada. De especial interés es fijarse en la solución constructiva de las cajas de persiana.

- Encuentros entre diferentes elementos constructivos, como fachadas y cerramientos con forjados y soleras, así como en las zonas perimetrales de esos elementos.

- Zonas de paso de instalaciones, ya sean de fontanería y saneamiento, eléctricas, de ventilación, de extracción de humos o chimeneas, ya que en ocasiones se requiere atravesar la envolvente, en partes del forjado, la fachada, la solera o la cubierta.

- Cajas de conexiones, cajas de mecanismos eléctricos, cuadros de instalaciones y cajas de colectores que normalmente se instalan empotrados en paredes o trasdosados, y que pueden comunicar con el exterior de la envolvente.

Para minimizar las infiltraciones, el técnico debe proyectar teniendo en cuenta los puntos anteriores, y en la medida de lo posible utilizar elementos constructivos que permitan garantizar la máxima estanqueidad de la envolvente. Es por ejemplo más sencillo, conseguir estanqueidad en un edificio, si se proyecta usando como cerramientos, paneles prefabricados, en cualquiera de las múltiples versiones existentes y que van desde el panel de material compuesto (figura 4.1) a las opciones en madera, pasando por soluciones basadas en hormigón. Este tipo de elementos disponen de toda una gama de remates y sistemas de unión y acabado, pensados para generar por sí solos grandes niveles de estanqueidad. Las construcciones tradicionales de paredes y trasdosados de fábrica se complementan hoy en día con sistemas de aislamiento térmico exterior (SATE) que garantizan, mayor estanqueidad (figura 4.2). Existen además toda una gama de productos sellantes, que van desde las

Figura 4.1: Sistema constructivo basado en paneles de material compuesto.

cintas adhesivas, pasando por las pinturas técnicas o sellantes líquidos, hasta las espumas aislantes expansivas. En la figura 4.3 puede verse una combinación de cintas sellantes y espumas expansivas para conseguir gran estanqueidad en el encuentro entre una fachada y una ventana. Cualquiera de estos productos, o combinaciones de los mismos, debe usarse para conseguir eliminar las infiltraciones de aire en las zonas detalladas anteriormente. Es por eso, que en las construcciones que se rigen por el estándar de casa pasiva, es muy común su uso.

Es importante destacar que, el diseño pensado para garantizar la estanqueidad y su implementación, no supone incrementar notoriamente el coste de la construcción, aunque se tienda a pensar lo contrario. Más bien debe entenderse como una pequeña inversión que se amortizará rápidamente gracias al ahorro energético que supone. Las soluciones basadas en cintas sellantes dan elasticidad a las uniones. Pueden ser autoadherentes, como en el caso de las cintas butílicas o cintas poliméricas, y además son resistentes a la intemperie, de gran durabilidad y garantizan no solo estanqueidad al aire, sino que también impermeabilidad al agua. Las espumas expansivas o de descompresión retardada, se ajustan al lugar en

Figura 4.2: Sistema constructivo basado en pared tradicional de fábrica con sistema aislante térmico exterior (SATE).

Figura 4.3: Detalle del encuentro entre una fachada y una ventana, en la que se utilizan cintas elásticas sellantes y espumas expansivas.

el que se aplican sin generar esfuerzos entre los materiales, produciendo estanqueidad y aislamiento térmico. Las membranas líquidas sellantes, se aplican bien pulverizando o pintando directamente, y permiten formar una película elástica de polímero, que asegura no solo aislamiento y estanqueidad, sino que además incrementan la resistencia mecánica en los componentes en los que se aplica.

4.2. Ensayos de presurización global de la envolvente in situ

Los ensayos de estanqueidad de la envolvente se realizan normalmente usando la técnica de soplado a través de una apertura, que suele ser la puerta principal, de ahí que se les conozca comúnmente como **ensayos de soplado en puerta** o en inglés **blower door tests**. Estrictamente, independientemente de en qué tipo de hueco se instalan (puerta o ventana), son **ensayos de presurización estacionaria global** de toda la envolvente de la edificación. Este tipo de ensayos se describen en la norma ISO 9972 (AENOR, 2015), y consisten en presurizar o despresurizar la vivienda, consiguiendo una presión constante en su interior, usando un ventilador instalado en una apertura de la envolvente. Al despresurizar la edificación el aire del exterior se ve forzado a entrar por las aperturas existentes y se canaliza hacia el ventilador. Por conservación de masas, en estado estacionario, el caudal de aire que se infiltra al edificio es el mismo que sale atravesando el ventilador, de modo que midiendo el caudal de salida a través del ventilador y la presión diferencial entre el interior y el exterior de la vivienda se puede obtener la curva de presión-caudal del edificio. En el caso de presurizar, el mismo principio aplica, pero con el aire siendo expulsado desde el interior hacia exterior de la vivienda. El equipo, genera el flujo a través de las grietas de la envolvente, tal y como se ha descrito en el capítulo 3.1.

Un equipo típico para realizar ensayos de soplado consta de sensores de presión diferencial (capítulo 3.2.1) y de caudal (capítulo

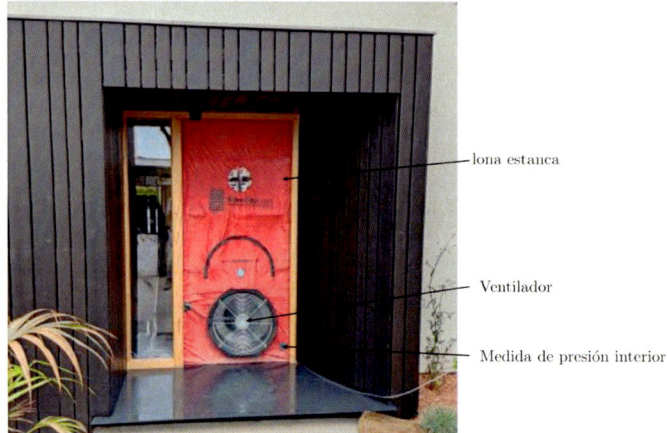

lona estanca

Ventilador

Medida de presión interior

Figura 4.4: Imagen de un sistema para ensayo de soplado en puerta, desde el exterior.

3.2.2), de un ventilador y su controlador de velocidad, de un sistema de adquisición de datos y de un ordenador con el software de control de la instrumentación. El ventilador se instala en la puerta, estando ésta completamente abierta, utilizando un elemento sustitutivo de la hoja de la puerta, que garantice estanqueidad, aún con el ventilador instalado. Este elemento de estanqueidad puede ser una lona soportada por un marco que se adapta a la puerta, una placa a medida de algún material no poroso, etc. La lona o la placa debe disponer de una apertura en la que se instala el ventilador, además de un pequeño orificio para poder pasar el tubo que permite la medida de la diferencia de presión entre el interior y el exterior de la edificación. En las figuras 4.4 y 4.5 aparece instalado un equipo comercial típico, visto desde el exterior y el interior del edificio, respectivamente.

El ventilador, accionado normalmente por un motor eléctrico, se controla para establecer de forma precisa la velocidad de giro. Las mediciones se realizan registrando tanto la diferencia de presión ΔP entre el interior y el exterior, como el caudal que atraviesa el ventilador Q, una vez fijado el régimen del ventilador y en situa-

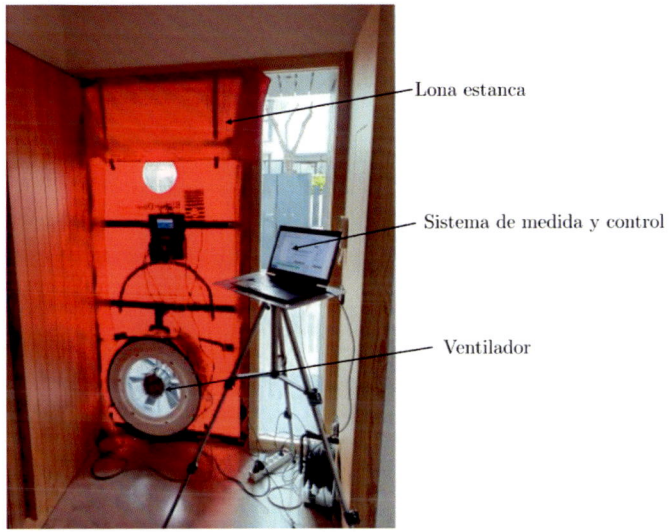

Figura 4.5: Imagen de un sistema para ensayo de soplado en puerta, desde el interior.

ción estacionaria. Aunque la norma ISO 9972 (AENOR, 2015) no describe los sistemas de medida de forma específica, si detalla que se debe medir tanto el caudal de infiltraciones como la presión que lo genera. Las medidas de presión se realizan normalmente con un sensor diferencial. Existen multitud de sensores que permiten este tipo de medidas (ver capítulo 3.2.1), con diferentes prestaciones y características. En cuanto a la medida de caudal, que es mucho más compleja, se puede resolver de distintas formas, tal y como se ha visto en el capítulo 3.2.2 de este libro. Los equipos comerciales más comunes para la realización de ensayos de soplado, como el que aparece en las figuras 4.4 y 4.5, realizan la medida del caudal mediante un sensor que mide la variación de presión entre la zona de aspiración y los álabes del rotor del ventilador. A partir de esta presión, y gracias a la calibración del equipo se puede obtener el caudal. Este tipo de sensor permite que el conjunto ventilador y medidor de caudal sea muy compacto y portátil, pero introduce una serie de inconvenientes técnicos y hace que las medidas sean muy dependientes de la calibración del equipo. Tal es el caso, que este tipo de medida concreta no se reconoce de forma explícita en ninguna norma, a diferencia de los métodos industriales tratados en el capítulo 3.2.2. Esto es debido, a que la zona de aspiración del ventilador es una zona en la que el flujo tiene una elevada complejidad, con separación de capa límite, turbulencia dependiente del régimen del ventilador, singularidades debidas a la geometría de la entrada, el flujo asociado al extremo de los álabes, etc. En la figura 4.6 se puede ver el concepto adoptado por la mayoría de los fabricantes de equipos comerciales. En este caso, y a modo de ejemplo, se muestran las soluciones adoptadas tanto por Retrotec (2020) como por The Energy Conservatory (TEC, 2012). En los sistemas mostrados en la figura, la estimación del caudal depende fuertemente del flujo que se desarrolla en el corto tramo de la aspiración y por tanto, requiere de una calibración específica y periódica. En este caso es evidente que los fabricantes le dan más importancia a la portabilidad del equipo que a la sencillez, la precisión de la medida y a la independencia de la calibración. En el capítulo 5, se presentan resultados de un ensayo de soplado global de la envolvente de una vivienda unifamiliar, obtenidos con un equipo desarrollado por el autor de esta monografía, en la que la medida del caudal se realiza usando un Venturi, de acuerdo a la norma UNE-EN ISO 5167-4 (AENOR, 2003b).

Los valores ΔP y Q medidos durante un ensayo estándar proporcionan la curva que caracteriza las infiltraciones de aire en la vivienda, a través de las grietas y orificios de la envolvente. En la figura 4.7 aparece una curva típica a modo de ejemplo, extraída de la norma ISO 9972 (AENOR, 2015). En el eje de abscisas se presenta normalmente la presión ΔP en Pa y en el eje de ordenadas el caudal de infiltraciones Q en m^3/h. Debido a la relación potencial entre presión y caudal que se da en el flujo de infiltraciones (capítulo 3.1), y para conseguir una mayor facilidad en la visualización de los resultados, los ejes de la gráfica se presentan en escala logarítmica.

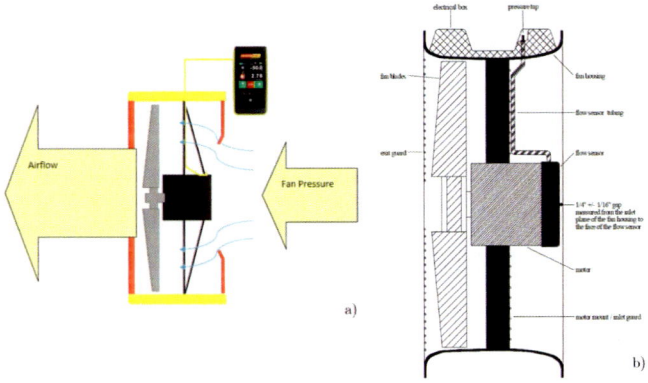

Figura 4.6: Esquema del sistema medición de presión en el ventilador para la estimación del caudal utilizado en los equipos comerciales de Retrotec (a) y Minneapolis Blower Door (b). Reproducido del manual de Retrotec (2020) y de The Energy Conservatory (TEC, 2012), respectivamente.

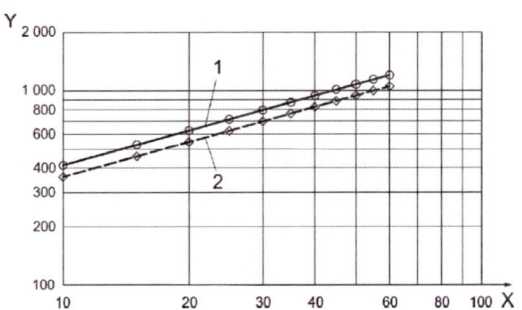

Figura 4.7: Curva $\Delta P - Q$ típica de un ensayo de soplado según ISO 9972 (AENOR, 2015).

Previo al ensayo deben registrarse las condiciones ambientales de temperatura, presión atmosférica, y velocidad de viento para poder realizar el cálculo de las densidades de aire en el interior (ρ_i) y en el exterior (ρ_e) de la edificación. Estas últimas son necesarias

ENSAYOS DE PRESURIZACIÓN ESTACIONARIA

para corregir el caudal medido multiplicando por el factor ρ_i/ρ_e o ρ_e/ρ_i, en función de si hemos hecho un ensayo de despresurización o presurización, respectivamente. Debe medirse la presión diferencial entre el interior y el exterior de la vivienda con caudal nulo (ΔP_0), previo al inicio del ensayo, para asegurar que la presión también es nula y que no existe efecto alguno del viento existente. También deberá realizarse una inspección visual de toda la envolvente, para identificar cualquier hueco o apertura mal sellada. A su vez, habrá que asegurar que todas las conducciones de ventilación al exterior, extractores, sifones y demás elementos susceptibles de generar infiltraciones, están sellados.

La determinación de cada punto de la curva implica una medida, que debe realizarse durante un tiempo suficientemente largo como para que los valores medios sean representativos. Obviamente, cuantos más puntos se tengan para configurar la curva mejor, pero al menos debería cubrirse un rango de presiones desde 10 a 100 Pa con incrementos de 10. Idealmente, el ensayo debe realizarse tanto presurizando como despresurizando, ya que el comportamiento del flujo de infiltraciones a través de las grietas y orificios en un sentido o en otro, puede variar ligeramente, y es más representativo siempre que sea posible, obtener una media global.

De acuerdo a la teoría descrita en el capítulo 3.1, la relación presión caudal resultante del flujo a través de grietas y orificios, se puede aproximar mediante una **ley potencial** del estilo,

$$Q = C_e \cdot \Delta P^n \qquad (4.1)$$

en la que Q es el caudal de infiltraciones a través de la envolvente expresado en m^3/h, medido a cada ΔP expresado en Pa. El coeficiente C_e y el exponente n, se deben calcular independientemente para el caso de presurización y despresurización. Además, el coeficiente C_e debe corregirse de acuerdo a la expresión,

$$C = C_e f_\rho^{1-n} \qquad (4.2)$$

en la que f_ρ será igual a ρ_e/ρ_o o a ρ_i/ρ_o en función de si el caso es de despresurización o presurización, respectivamente. Véase que ρ_o es la densidad del aire en condiciones normales (25ºC y 1 atm). Una vez obtenidos el coeficiente y el exponente de la curva de presión frente a caudal de infiltraciones, como valor de referencia del ensayo, se usa el caudal de infiltraciones obtenido de la curva, a una presión diferencial de 50 Pa (Q_{50}). Como hemos dicho, la correcta obtención de este valor pasa por la medición de un número elevado de pares ΔP - Q, de manera que se pueda obtener la curva con suficiente resolución, y así obtener el valor que da la curva a una presión de 50 Pa, con garantías.

Como ya se ha detallado en el capítulo 3, conocido el volumen total que encierra la envolvente de la vivienda (V), se utiliza como valor de referencia el número de renovaciones del volumen por hora, a 50 Pa, o tasa de renovación de aire (n_{50}), en h^{-1}, que se calcula obteniendo de la curva el valor Q_{50}. Otro valor que indica la normativa es el valor de permeabilidad al aire q_{50}, que se define como el valor Q_{50}, dividido por el área de la envolvente (S). La tasa específica de filtrado w_{50}, se obtiene al dividir el caudal Q_{50} por la superficie útil (S_u) de la edificación. Todos estos valores se pueden calcular a cualquier nivel de presión deseado, utilizando la curva ΔP-Q obtenida en el ensayo. En el anexo B de la norma ISO 9972 (AENOR, 2015), se dan las expresiones necesarias para calcular la densidad del aire (ρ) en función de la temperatura, la presión barométrica y la humedad relativa. Así mismo, el anexo C, describe como estimar las incertidumbres en las cantidades derivadas de los ensayos, en base a procedimientos estadísticos estándar.

La normativa describe el área estimada de fugas, que se calcula normalmente a la presión de referencia de 10 Pa, mediante la expresión,

$$ELA_{10} = C \left(\frac{\rho_0}{2} \right)^{0,5} \Delta P^{n-0,5} \tag{4.3}$$

así como el área de fuga efectiva especifica en la envolvente ($ELA_{E_{10}} = ELA_{10}/S$) y en el suelo ($ELA_{F_{10}} = ELA_{10}/S_u$).

En el capítulo 5 se muestra un caso práctico, con un ensayo realizado en una vivienda unifamiliar, detallando el equipo utilizado, el alcance de los resultados y como se han obtenido, así como un informe típico de presentación de resultados.

4.3. Ensayos de presurización de componentes de la envolvente en obra

Los ensayos de los componentes que se instalan en los huecos de la envolvente, tales como puertas y ventanas, se realizan en laboratorio, y buscan la determinación del caudal de infiltraciones a través del elemento, para clasificarlo en una de las clases de estanqueidad definidas por la norma UNE-EN 12207 (AENOR, 2017b). Los ensayos se describen en la norma UNE-EN 1026 (AENOR, 2017a), y de ésta resultan los bancos de ensayo de laboratorio, como el que se mostraba en la figura 2.2, del capítulo 2.4, o el que se muestra en la figura 4.8 de esta sección. La norma americana equivalente a ésta última es la ASTM E283-04 ASTM (2004), pensada también para el caso de muestras ensayadas en laboratorio. En estos montajes se coloca la ventana o puerta de forma que se forma una cámara estanca entre la muestra y una serie de conductos por los que se presuriza el sistema. Midiendo la curva de presión - caudal en la instalación, se consigue obtener la característica de estanqueidad del elemento y por tanto, puede clasificarse en las clases 1 a 4.

Como se ha introducido anteriormente, en el capítulo 2.4, los resultados que se obtienen en laboratorio se podrían considerar ideales, ya que en ellos, todos los parámetros que entran en juego, son relativamente controlables. De hecho, la instalación que se hace de la muestra, es muy diferente a la que se hace en obra. El espécimen se monta en una estructura que dispone de juntas de estanqueidad y se ancla a la misma mediante elementos de apriete, especialmente diseñados para el ensayo. Como puede verse en la figura 4.8, el tipo de montaje en el banco de ensayo es muy distinto a cualquier tipo de montaje en obra. Los resultados de este tipo de ensayo, por tanto, serán específicos del banco de ensayo y de la muestra en cuestión, y nos dan el resultado de infiltraciones exclusivamente a través del

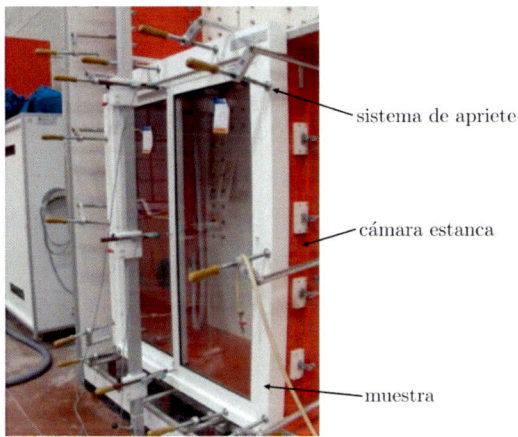

sistema de apriete

cámara estanca

muestra

Figura 4.8: Ejemplo de ventana en banco de ensayo de laboratorio.

espécimen, y no del espécimen y su montaje concreto en obra, que es en definitiva lo que interesa.

La instalación de la ventana en el hueco será crucial para determinar sus prestaciones de estanqueidad en la obra. Una ventana de clase 4, con la más alta estanqueidad ensayada en laboratorio según la norma, puede acabar funcionando como una de clase 1 o menos en función de su instalación. Los posibles cambios en la clase de permeabilidad al hacer el montaje en obra, dependerán del tipo de cerramiento en el que se haga la instalación, del material del cerramiento, de los sistemas constructivos, de los materiales y la tipología de la envolvente, de los premarcos utilizados, del uso o no de cintas sellantes y espumas expansivas, pero sobre todo de la destreza y saber hacer del instalador.

En consecuencia, parece lógico que, para determinar la estanqueidad de un hueco de la envolvente, el ensayo se realice in situ, con el elemento instalado en obra. Vista la complejidad del banco de ensayo que aparece en la figura 4.8, no parece inmediato el traslado y adaptación de uno de esos equipos para su montaje en obra, por lo que mayoritariamente los ensayos siguen realizándose en laboratorio. Dicho esto, la empresa alemana BlowerDoor GmbH, propone un método para medir la estanqueidad de componentes in situ, con los equipos que comercializa, desarrollados por The Energy Conservatory (Minneapolis BlowerDoor Measuring Systems). Los ensayos propuestos, se describen con los equipos diseñados para los ensayos de presurización estacionaria global de la envolvente, y no con un equipo específico. El esquema del método que proponen se muestra en la figura 4.9, y de esta forma, afirman se puede clasificar el hueco de acuerdo a la norma UNE-EN 12207 (AENOR, 2017b), lo que es más que dudoso, como veremos a continuación. En el propio esquema puede verse que ya a nivel conceptual, no podrá producir resultados satisfactorios. Se propone crear una cámara estanca en la ventana y realizar la despresurización con un equipo estándar de soplado desde la puerta de la estancia en la que se encuentra la ventana. Es evidente que al despresurizar desde la puerta de la estancia, el caudal de aire que atraviesa el ventilador puede no solo entrar a través de la ventana, que es lo que se busca, sino que podrá entrar por otros muchos puntos como por ejemplo en los encuentros entre el suelo y la fachada de la estancia o entre el techo y la fachada, entre el marco y el trasdosado, etc. También se puede estar soplando aire procedente de la misma estancia, desde los falsos techos, el interior de las paredes, u otras cavidades existentes en la habitación. Se trata de un método, que no da garantía ninguna de que la medición del caudal sea la del caudal de infiltraciones exclusivo de la ventana y su montaje en obra.

De acuerdo al conocimiento del autor, no existe una norma específica Europea o nacional para el ensayo de componentes in situ, y solo se habla de ensayos en obra en la norma americana ASTM E283-04 (ASTM, 2004). En ésta, se describe un método para ensayar puertas y ventanas, ya instaladas en la envolvente de edificios. El método consiste básicamente en reproducir in situ, el ensayo que se hace en laboratorio, con todas las complicaciones que esto implica. Previo al ensayo debe crearse la cámara estanca alrededor de la muestra para a continuación presurizarla/despresurizarla y obtener la curva presión-caudal del sistema. La figura 4.10 muestra un esquema, de cómo debería realizarse un ensayo de estanqueidad de

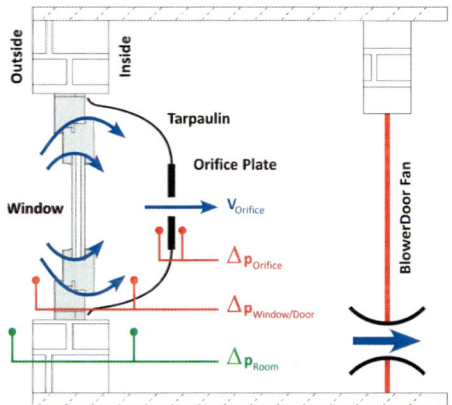

Figura 4.9: Esquema de instalación propuesta por BlowerDoor GmbH para la medida de la estanqueidad de puertas y ventanas en obra, usando un sistema de soplado tradicional.

un componente in situ, donde queda evidenciada la diferencia con el método incorrecto descrito en la figura 4.9.

Al autor de este trabajo, no le consta la existencia de ningún equipo comercial específico para realizar ensayos como los que se describen en la norma ASTM E283-04 (ASTM, 2004), y es por eso que ha implementado uno que lo permita, desde cero. Con éste, se han realizado ya multitud de ensayos de forma satisfactoria, además de validaciones en laboratorio. En los capítulos 6 y 7 se muestran los resultados de dos casos prácticos obtenidos con el diseño propuesto, que cumple la norma ASTM E283-04 (ASTM, 2004).

4.4. Medidas de soporte

Durante la realización de ensayos de presurización estacionaria, ya sea de la envolvente o de alguno de sus componentes concretos, se pueden realizar medidas de soporte. Las técnicas más utilizadas son la imagen termográfica, la visualización de flujo y la anemometría local.

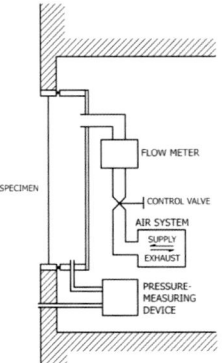

Figura 4.10: Esquema del montaje experimental a realizar en obra, para el ensayo de componentes de la envolvente, de acuerdo a la norma ASTM E283-04 (ASTM, 2004).

4.4.1. Termografía

Las cámaras termográficas son dispositivos que permiten obtener termogramas, que son imágenes en las que se tiene un mapa de colores que se asocia a la temperatura del objeto. En realidad, este tipo de cámaras lo que detectan es radiación infrarroja (IR), en un cierto rango del espectro electromagnético, en consecuencia, las imágenes que producen provienen de la radiación emitida por el objeto en cuestión. Este tipo de sensores permiten registrar imágenes aún sin tener luz visible, y lo que hacen fundamentalmente, es convertir la radiación detectada, en una señal eléctrica que se procesa mediante la electrónica adecuada. Los sensores de radiación IR que incorporan las cámaras termográficas, generalmente están basados en dos tipos de detectores, las termopilas y los bolómetros.

Las termopilas no son más que un gran número de termopares conectados en serie, en un substrato de silicio. Su funcionamiento a nivel físico, está basado en el efecto de Seebeck. Un termopar es un sensor que consta de la unión entre dos metales distintos, y se caracteriza porque al aplicarle un cambio de temperatura, se produce (por el efecto Seebeck) una diferencia de potencial. A modo de ejemplo, en el caso de la unión de cobre y constantán, aparecen voltajes de Seebeck de 41 $\mu V/K$ a temperatura ambiente. Los termopares son muy baratos y tienen una vida útil muy larga. Por otro lado, los bolómetros o microbolómetros, son elementos en los que se produce una variación de resistencia al cambiar su temperatura, que es convertida en un voltaje mediante la electrónica adecuada.

Las termopilas se fabrican como elementos individuales o como matrices de varios elementos que producen un área de detección. Lo mismo pasa con los microbolómetros que se empaquetan en sensores formados por un gran número de ellos. Esta matriz de elementos detectores, es lo que se conoce como matriz de plano focal (Focal Plane Array - FPA en inglés), que incorpora además una serie de elementos ópticos. A cada unidad de la matriz se le conoce como píxel, que en el caso de las termopilas tiene tamaños en el orden de 200x200 μm y en el de los bolómetros puede ser más de 10 veces menor. El resultado de exponer una de estas matrices de píxeles o FPA a una fuente que emite radiación IR, es el termograma. El termograma tendrá mayor resolución cuanto mayor sea el número de píxeles incorporados en el sensor. En las cámaras IR de uso cotidiano, el tamaño típico de los detectores es de algo parecido a 160×120 píxeles. Otros tamaños, como por ejemplo 320×240 o 640×480 píxeles son menos comunes, ya que los precios de los sensores se disparan y se hacen prohibitivos en aplicaciones cotidianas. Estas resoluciones, se usan únicamente en laboratorios de investigación y otros usos concretos.

Las cámaras termográficas de uso cotidiano, nos permiten obtener imágenes con mapas de temperatura de los edificios o partes de ellos, y son una herramienta muy interesante, para complementar los ensayos de soplado estacionario. Permiten **obtener imágenes de partes de la envolvente del edificio mientras se realiza el ensayo de soplado**, de esta forma se puede observar aquellas zonas en las que aparecen grandes cambios de temperatura, que se podrán asociar seguramente a las infiltraciones. Es decir, si estamos realizando un ensayo de soplado despresurizando, y en el exterior del edificio hay temperaturas menores que en el interior, cuando el

ENSAYOS DE PRESURIZACIÓN ESTACIONARIA

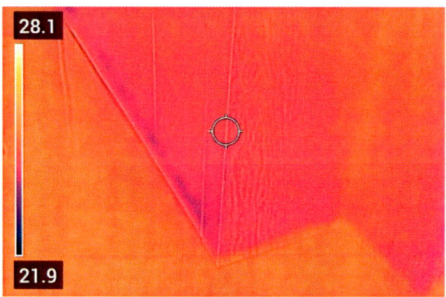

Figura 4.11: Ejemplo de imagen termográfica mostrando un encuentro entre elementos en la envolvente de una vivienda unifamiliar.

aire del exterior entre por las grietas de la envolvente, podremos ver su huella en la imagen termográfica. Lo mismo aplica a los ensayos de elementos de la envolvente, en los que será mucho más fácil identificar por donde se producen las infiltraciones durante el ensayo, gracias a la termografía.

En la figura 4.11 tenemos un ejemplo de imagen termográfica tomada con una cámara de mano, equipada con un sensor de 128x96 píxeles que permite detectar temperaturas desde -20 a 300°, con precisiones de ±3°. En la imagen puede verse parte de la envolvente de una vivienda unifamiliar, en un encuentro de un cerramiento vertical con la solera, y como hay zonas más frías en el la línea de contacto entre ambos. En el capítulo 7, se describen a modo de informe, una serie de ensayos de soplado en una ventana, y se utiliza termografía para complementar los resultados.

Obviamente, los termogramas se pueden utilizar además, para identificar zonas en los huecos (ventanas y puertas), en los que aparecen puentes térmicos y otras singularidades, así como zonas en la que hay condensaciones o humedades. De esta manera pueden identificarse problemas asociados a incorrectas instalaciones de los elementos. Es común su uso también, para detectar paso de instalaciones, filtraciones de agua, etc.

4.4.2. Visualización de flujo

En mecánica de fluidos, existen multitud de técnicas para hacer visible el movimiento de los fluidos, de forma lo menos intrusiva posible. En general, todas ellas implican sembrar el fluido con algún elemento que permita ver el movimiento del fluido, sin alterarlo de forma importante. Normalmente, para garantizar una mejor captación del movimiento de las partículas de sembrado en el seno del fluido, se utiliza iluminación específica, para así producir dispersión en la luz incidente, que puede ser registrada más fácilmente mediante cámaras fotográficas. Existen además, técnicas no solo para ver el movimiento de forma cualitativa, sino que se puede cuantificar el campo de velocidades de forma no intrusiva, como en el caso de la velocimetría por imagen de partículas (particle image velocimetry - PIV, en inglés). Estas técnicas, requieren del uso de sistemas de adquisición y procesado de imagen muy avanzados. Cualquiera de estos métodos requiere de complejos y caros equipos, además de una formación muy avanzada en disciplinas como la mecánica de fluidos, la óptica, y el análisis de señal e imagen, por lo que quedan fuera de la aplicación al ensayo de edificaciones. Si son interesantes, en el caso de ensayos de laboratorio, con modelos a escala en túneles de viento y bancos de ensayo, con modelos concretos de cerramientos, u otras aplicaciones similares, en el ámbito de la investigación. A modo de ejemplo, en la figura 4.12, aparece la visualización del flujo en el interior de la cabina de un vehículo comercial, en la que puede verse la evolución temporal de un chorro turbulento, procedente del sistema de climatización de un vehículo. La visualización fue realizada por el autor de esta monografía (Huera-Huarte, 2014), usando humo, imagen de alta velocidad e iluminación láser.

En lo que se refiere al ensayo de la estanqueidad de envolventes y sus elementos, la técnica más común consiste en el uso de humo. El humo puede generarse de multitud de formas, aunque la manera más común es vaporizando fluidos sintéticos (normalmente glicoles) especiales, que no son tóxicos. Las máquinas generadoras de humo vaporizan el fluido en un calentador, de forma controlada y a de-

Figura 4.12: Ejemplo de visualización de flujo con humo e iluminación láser, en el interior de un vehículo (Huera-Huarte, 2014).

manda, para canalizarlo hacia una boquilla de salida. Si se proyecta el humo hacia la envolvente o el elemento concreto (ventana, puerta, etc.) del edificio desde fuera, en el caso de estar despresurizando mediante un ensayo de soplado, el aire de infiltración transportará el humo a través de la envolvente, y se hará visible la zona de entrada de infiltraciones. En general no es necesario utilizar iluminación artificial o específica para visualizar el humo. Esta técnica no produce resultados cuantitativos, pero sí que nos permite de forma cualitativa intuir el nivel de infiltraciones existente, o al menos identificar las zonas concretas de entrada del fluido. Permite también ver, por ejemplo, si ciertas medidas correctivas en una zona concreta han surgido efecto o no, haciendo comparativas antes y después de las modificaciones. En la figura 4.13 se puede ver una columna de humo de alta densidad, generada con una máquina portátil. En el capítulo 7 se muestran imágenes de visualización de infiltraciones a través de una ventana, durante la realización de ensayos de soplado estacionario en una vivienda unifamiliar.

Figura 4.13: Ejemplo de generación de humo para visualización de infiltraciones en la envolvente de edificios.

4.4.3. Anemometría

Se puede definir la anemometría como el conjunto de técnicas que permiten medir la velocidad de un fluido. Existen multitud de tecnologías utilizadas para medir la velocidad de fluidos, todas ellas basadas en principios físicos diferentes. Algunas de estas técnicas, permiten medir el campo de velocidades no solo en un punto, como en la mayoría de casos, sino que en regiones planas o incluso en volúmenes, como en el caso de la velocimetría por imagen de partículas plana o volumétrica, las técnicas de seguimiento de partículas, u otros tipos de velocimetría, ya sean estéreo, tomográfica u holográfica. Como se ha comentado en el apartado 4.4.2, estas técnicas se utilizan mayoritariamente en laboratorios de investigación, y por tanto quedan fuera del ámbito de aplicación al ensayo de envolventes.

Los sistemas más comunes para cuantificar a nivel práctico la velocidad local del aire, son los anemómetros. El uso de anemómetros puede ayudar a la identificación de las zonas en las que se producen las infiltraciones de aire a través de la envolvente o componentes de la misma. Los anemómetros más comúnmente utilizados para la aplicación que nos ocupa, son los de hilo caliente o los basados en tubos de Pitot combinados con sensores diferenciales (véase capítulo 3.2.1). Estos dispositivos permiten realizar medidas locales de la velocidad del aire en un punto concreto de la envolvente, en el que se sospecha existen infiltraciones, de forma rápida y sencilla. En otro tipo de aplicaciones, suelen ser utilizados para medir el flujo en conductos de climatización, midiendo en diferentes puntos de una sección del conducto para obtener una estimación del caudal (véase capítulo 3.2.2). Aunque produzcan medidas cuantitativas de la velocidad local del aire, en lo relativo a la detección directa de las infiltraciones, se usan de forma cualitativa para detectar la existencia o no de velocidad de aire, lo que de forma indirecta indica la existencia de infiltraciones en ese punto. Intentar obtener información relativa al caudal de infiltraciones o el área de infiltraciones en una grieta, basándose únicamente en la medida local de una velocidad, producirá con toda seguridad resultados incorrectos.

Los anemómetros mecánicos, basados en el movimiento de un elemento según la acción del viento, pueden clasificarse mayoritariamente en anemómetros de cazoleta o copa y anemómetros de turbina. En ambos casos, el movimiento del elemento que gira con la acción del viento, se convierte en una señal eléctrica usando distintos tipos de sensores. Pueden ser del tipo potenciométrico, de efecto hall, capacitivo, o bien del tipo encoder mecánico u óptico, etc. Los anemómetros de copa requieren de espacio, son menos precisos y suelen aplicarse en casos en los que se quiere conocer la velocidad del viento en una región más bien grande, por lo que raramente se usan en aplicaciones como la que nos ocupa. Los de turbina, sí que son adecuados por su menor tamaño, además suelen ser de menor coste, y aunque no permiten medidas tan localizadas y precisas como los de hilo caliente, por ejemplo, pueden ser de gran utilidad para identificar infiltraciones. En la figura 4.14 c) aparece uno de estos equipos a modo de ejemplo.

Los anemómetros de hilo caliente, como su nombre indica consisten en un filamento muy fino que se calienta aportando una corriente. El paso de aire alrededor del filamento lo enfría, de manera que se puede llegar a relacionar la velocidad del aire con la perdida energética producida, mediante su calibración y una ecuación que describe el balance energético en el filamento. Existen las versiones de corriente constante o las de temperatura constante, pero el principio físico mediante en el que funcionan, es el mismo. Una de las principales ventajas que ofrecen estos anemómetros, es el reducido tamaño del sensor. Para las aplicaciones portátiles o en equipos de mano, como es el caso, el sensor va envainado en un tubo telescópico que permite llegar a lugares de difícil acceso (conductos, orificios, grietas, etc.), al mismo tiempo que el filamento queda protegido de golpes, polvo u otros agentes. En la figura 4.14 a) puede verse uno de estos equipos portátiles, y como un operario realiza una medida de velocidad en la zona de unión de dos paneles prefabricados que conforman parte de la envolvente de un edificio, buscando posibles infiltraciones. En caso de detectarse velocidad, el técnico podría recomendar el uso de cintas sellantes o espumas para garantizar una mejor estanqueidad.

En la misma figura 4.14 c), puede verse un anemómetro de turbina. En estos, el aire incidente sobre los alabes hace girar el rodete y un sensor de posición o velocidad angular permite inferir la velocidad de viento. Como puede verse, son de mayor tamaño y aunque más económicos, acaban siendo no tan versátiles como los de hilo caliente.

Otro tipo de sensores muy común en las aplicaciones detalladas, son los tubos de Pitot. El sensor consiste de un tubo, normalmente acodado para facilitar su colocación en el lugar de medida, en el que se disponen una serie de orificios. Uno de ellos se sitúa en el extremo del tubo y debe orientarse en la dirección del flujo, de manera que sobre el orificio se genera un punto de estancamiento en el que se tiene por tanto, la presión total ejercida por el fluido. Para poder obtener la velocidad, se debe tener además, la presión estática en el mismo lugar, es por eso que el tubo dispone de otro orificio, cercano al anterior pero orientado perpendicularmente a la corriente. La diferencia de presiones que se tiene entre ambos orificios, es la presión dinámica ($\frac{1}{2}\rho v^2$), de la que puede obtenerse la velocidad del flujo v, conocida la densidad del aire ρ a la temperatura de ensayo. La medida de la presión diferencial se puede hacer con una gran variedad de sensores, tal y como se ha visto en el capítulo 3.2.1. Al igual que los anemómetros de hilo caliente, estos sensores son de tamaño reducido y permiten acceder a zonas de difícil acceso con otros sensores. Son además más robustos y menos delicados que los sensores de hilo caliente y el tubo en sí no requiere de calibración, siempre y cuando se pueda asegurar que esta libre de obstrucciones y suciedad. En la figura 4.14 b) puede verse como un operario introduce un tubo Pitot en un orificio hecho en un conducto de ventilación, para obtener la velocidad interior del fluido.

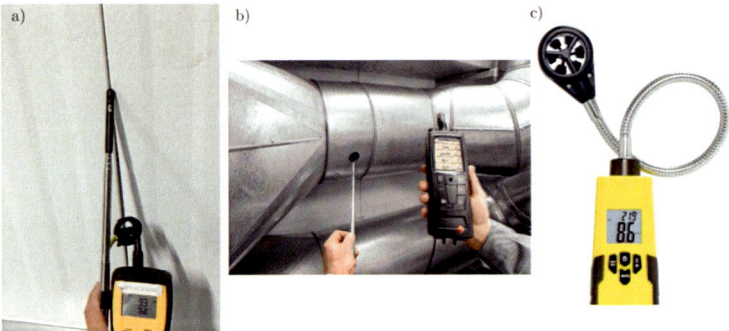

Figura 4.14: a) Ejemplo de detección de velocidad de aire en la unión entre dos paneles prefabricados de la envolvente de un edificio, con un anemómetro de hilo caliente. b) Ejemplo de uso de un medidor de presión diferencial con tubo de Pitot c) Ejemplo de anemómetro de turbina.

Capítulo 5

Caso práctico 1: Caracterización global de la envolvente de un ECCN in situ

En este capítulo se describe un ensayo de estanqueidad de la envolvente de una vivienda unifamiliar. La descripción se hace a modo de **informe técnico**, de manera que puede servir de guía para elaborar un documento típico de resultados. Inicialmente se describen los objetivos del ensayo y a continuación se dan los detalles constructivos necesarios de la edificación. Seguidamente, se presentan los resultados y las conclusiones. En la última parte del informe, a modo de anexo, debe incluirse una descripción del sistema de medida utilizado y de las características de las mediciones.

5.1. Objetivos del informe

El ensayo consiste de una serie de mediciones de la estanqueidad de la envolvente en una vivienda unifamiliar situada en la localidad de Cambrils (Tarragona).

El **objetivo último del trabajo es cuantificar la estanqueidad de la envolvente de la vivienda**. Se determinarán los caudales de infiltración a través de la envolvente a diferentes niveles de presión. El ensayo permite verificar el cumplimiento de la normativa aplicable en cuanto a permeabilidad de la envolvente, según el Documento Básico HE sobre Ahorro de Energía del CTE (2019). Los ensayos se realizan de acuerdo a los estándares de medida descritos en la norma UNE-EN-ISO 13289 (AENOR, 2015).

5.2. Detalles del edificio

En el Documento Básico HE de Ahorro de Energía del CTE (2019), apartado 3.1.3 (5.1), se establecen las exigencias en cuanto a la permeabilidad de la envolvente térmica de los edificios. La norma describe en primer lugar la **exigencia en relación a los huecos de la envolvente**. Según la norma, a la zona climática B le corresponden huecos con **permeabilidades de clase 2 como mínimo**, es decir caudales de infiltraciones en ventanas y puertas menores a 27 m^3/h m^2, a la presión de referencia de 100 Pa. Los ensayos aquí descritos resultarán en la obtención del caudal de infiltraciones global en toda la envolvente, incluyendo los huecos. En el capítulo 4.3 se puede encontrar una sección dedicada al ensayo y análisis de elementos concretos de la envolvente, in situ. Además, en el capítulo 6, se verá el detalle de un ensayo realizado a una de las ventanas de la vivienda que se trata en este capítulo, y que como veremos complementa el ensayo de soplado global aquí descrito.

En relación a la permeabilidad global de la envolvente (incluyendo los huecos), la exigencia que fija el CTE, solo es de aplicación a viviendas con **superficie útil total mayor a 120 m^2**, como es el caso, y es función de la compacidad de la vivienda. La compacidad (V/S) se define como la relación entre el volumen interior encerrado por la envolvente (V) y el área (S) de la misma (suma de las superficies de intercambio térmico con el aire exterior o el terreno de la envolvente). Para compacidades menores o iguales a 2 m^3/m^2, el

CTE establece (ver tabla de la figura 5.1) que la tasa de renovación de aire por hora, a 50 Pa (n_{50}), debe ser como máximo de 6 h^{-1}. En la tabla 5.1, con el resumen de los datos más relevantes del edificio, aparece el valor de compacidad calculado para la vivienda objeto de este ensayo, siendo 0.87 m^3/m^2.

Compacidad V/A [m³/m2]	n_{50}
V/A <= 2	6
V/A >= 4	3

Los valores límite de las compacidades intermedias (2<V/A<4) se obtienen por interpolación.

Figura 5.1: Valores n_{50} en función de la compacidad del edificio, según el DB HE del CTE CTE (2019).

Localización del edificio:	Cambrils (Tarragona)
Zona climática CTE (2019)	B
Superficie útil (S_u):	166.7 m^2
Superficie de la envolvente (S):	630.7 m^2
Superficie de la envolvente sin solera(S'):	457.9 m^2
Superficie de huecos en la envolvente (S_h):	55.6 m^2
Volumen (interior a envolvente) (V):	547.6 m^3
Compacidad (V/S_e):	0.87 m^3/m^2
Clase Permeabilidad huecos:	Clase 4
Renovaciones aire (n_{50}^{CTE}):	10.76 h^{-1}

Cuadro 5.1: Parámetros descriptivos del edificio.

La tabla incluye también la tasa de renovación de aire a 50 Pa, calculada con valores de referencia (n_{50}^{CTE}), según la expresión que aparece en el Anejo H del DB HE1 del CTE (2019) (expresión 2.1 presentada en el capítulo 2). Su resultado es de 10.76 h^{-1}, y al ser superior al límite establecido en la tabla de la figura 5.1, **no cumpliría la norma**. En consecuencia, se justifica la **realización de un ensayo de presurización estacionaria** o soplado en puerta, para determinar el valor real de forma experimental. Los resultados detallados del ensayo se presentan en la sección 7.4 de este informe.

$$n_{50}^{CTE} = 10{,}76h^{-1} > 6h^{-1} \text{ (\textbf{NO CUMPLE})}$$

5.3. Parámetros ambientales durante el ensayo

En la tabla 5.2 se muestran los valores ambientales medidos durante el ensayo, necesarios para calcular la densidad del aire en condiciones normales (ρ_0), así como las del interior (ρ_i) y del exterior (ρ_e) de la vivienda. Las correcciones a realizar en las medidas de acuerdo a esas densidades de aire, se detallan en la norma UNE-EN 13829 (AENOR, 2015), y se han descrito en el capítulo 4 de esta monografía.

Temperatura ensayo interior (T_i):	24.1°C
Temperatura ensayo exterior (T_e):	20.0°C
Altura sobre nivel del mar (e):	5 m
Presión atmosférica (P_a):	1020 hPa
Humedad relativa exterior (RH_e):	83 %

Cuadro 5.2: Valores ambientales durante el ensayo.

5.4. Resultados: Ensayos cuantitativos de estanqueidad de la envolvente en obra

Los valores medios de presión ΔP y caudal Q, obtenidos usando el sistema de medida descrito en la sección 5.6, junto con las desviaciones estándar de las series temporales registradas, aparecen en la tabla 5.3.

ΔP (Pa)	$\sigma_{\Delta P}$ (Pa)	Q (m^3/h)	σ_Q (m^3/h)
10.44	0.56	564.12	0.32
14.85	0.60	604.26	0.31
20.21	0.48	481.47	0.43
25.49	0.35	349.09	0.61
30.54	0.50	498.82	0.67
35.72	0.46	461.68	0.85
40.19	0.31	314.04	0.87
46.46	0.48	479.82	1.07
50.24	0.83	831.85	1.13
55.27	0.58	578.96	1.14
59.39	0.43	425.42	1.32
69.56	0.58	581.08	1.65
81.20	0.90	896.14	1.89
90.69	0.76	757.38	2.07
100.15	0.67	672.39	2.37
118.65	1.58	1581.59	3.17
140.31	0.67	672.16	3.17
160.71	0.96	955.23	4.32

Cuadro 5.3: Valores ΔP - Q medidos.

Los valores ΔP y Q de la tabla 5.3, proporcionan la curva que caracteriza las infiltraciones de aire en la vivienda. Una vez obtenida la característica presión-caudal del edificio, habiendo calculado el coeficiente de caudal C y el exponente n, como valor de referencia del ensayo se usa el caudal de infiltraciones extraído de la curva medida, para una presión diferencial de 50 Pa (Q_{50}). En el capítulo 4.2 se describe el proceso de obtención del coeficiente de caudal y el exponente, en detalle.

Conocido el volumen total que encierra la envolvente de la vivienda (V), presentado en la tabla 5.1, se utiliza como valor de referencia el número de renovaciones del volumen por hora a 50 Pa o n_{50}. Si el caudal Q_{50} se divide por la superficie útil (S_u) de la edificación se obtiene el valor w_{50} y si se divide por el área de la envolvente (S) se obtiene el valor q_{50}, ambos descritos en el CTE (2019) y detallados en la tabla 5.5. Los resultados finales del ensayo se muestran en las tablas 5.4 y 5.5. La gráfica de la figura 7.5, muestra los resultados de la tabla 5.3, en escala logarítmica. Se adjuntan en la gráfica los valores de referencia que aparecen en las tablas de resultados. Se puede consultar el capítulo 4 para ver el detalle de como obtener los valores que aparecen en la tabla.

Coeficiente infiltraciones	C (m^3/hPa^n)	80.72
Exponente	n	0.67

Cuadro 5.4: Curva de infiltraciones del edificio.

Q_{50} (m^3/h)	1114.97
n_{50} (h^{-1})	2.04
q_{50} (m^3/hm^2)	1.77
w_{50} (m^3/hm^2)	6.69
Q_{100} (m^3/h)	1775.43

Cuadro 5.5: Resultados experimentales del ensayo.

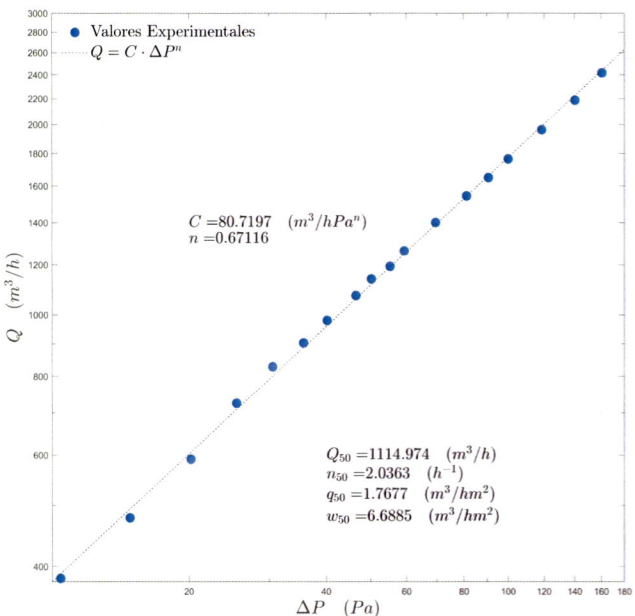

Figura 5.2: Resultados ΔP - Q para el ensayo de despresurización.

Es importante destacar, que el resultado obtenido, **caracteriza de forma global la envolvente**, es decir, el caudal obtenido se produce a través de todas las posibles grietas y orificios existentes, incluyendo los huecos. Sabiendo que los huecos instalados en la envolvente son de clase 4 (tabla 5.1), y que por tanto deberían tener, en el peor de los casos, un caudal de infiltraciones de 3 m^3/h m^2 a 100 Pa (UNE-EN 12207 (AENOR, 2017b)), podemos calcular el caudal total a través de los huecos a 100 Pa $(Q_{h_{100}})$. Sabiendo que la superficie total de huecos es de 55.6 m^2 (tabla 5.1), tenemos que $Q_{h_{100}}$=166.8 m^3/h.

Usando el valor Q_{100} resultante del presente ensayo (figura 7.5 y tabla 5.5), podemos estimar que parte del caudal global es debido a los huecos. Con un Q_{100}=1775.43 m^3/h y un caudal a través de huecos $Q_{h_{100}}$=166.8 m^3/h, tenemos que el 9.4 % de las infiltraciones se producen en elementos de la envolvente, diferentes de los huecos. En base a estos resultados, podríamos concluir que si se pretenden acometer mejoras en la envolvente, para incrementar su estanqueidad, y por tanto la eficiencia de la vivienda, deberían hacerse mayoritariamente en la envolvente. Esta afirmación es válida únicamente, si se asume que la clase 4 de estanqueidad de los huecos se mantiene en obra. Es por eso que la realización de ensayos en huecos es muy importante, para complementar los ensayos de estanqueidad global de la envolvente. En el capítulo 6, se verá como la realización de ensayos en una ventana de la misma vivienda, resulta en caudales de infiltración mucho mayores que los asociados a la clase 4, de hecho la clase que resulta de los ensayos in situ, es la clase 2. Por tanto, como se verá en el siguiente capítulo, no es cierto que los huecos contribuyan solo en un 9.4 % a las infiltraciones totales.

5.5. Conclusiones

Se han realizado **ensayos para cuantificar la estanqueidad de una vivienda unifamiliar**, que permiten obtener experimentalmente los caudales de infiltración a través de la envolvente.

Los ensayos caracterizan la permeabilidad de la envolvente cuantificando los caudales en detalle a diferentes niveles de presión. Aunque este tipo de medidas no son obligatorias de acuerdo a las normativas nacionales de edificación, si lo es aportar el valor de permeabilidad de la envolvente. La estimación realizada en base a las directrices impuestas en el Anejo H del DB HE1 del CTE (2019), resulta en este caso, en un valor n_{50}^{CTE} =10.76 h^{-1}. Con este valor, el edificio no cumpliría la norma, ya que para la compacidad del mismo ($\sim$1), debería ser menor a 6 h^{-1}.

Del ensayo realizado in situ, se obtiene un n_{50} = 2.04 h^{-1}, considerablemente inferior ($\sim$80 %), al estimado según la norma. Se hace evidente en consecuencia, que cualquier estimación no basada en ensayos cuantitativos es errónea, de manera que, aunque no obligatorios en la actualidad, estos ensayos son necesarios si quiere realizarse el proceso de certificación energética de una vivienda con garantías.

Este tipo de ensayos proporciona el valor global de infiltraciones en la envolvente del edificio, pero no podemos saber que parte de ese caudal se da a través de los huecos (ventanas y puertas), ni siquiera usando los valores de clase de estanqueidad que proporciona el fabricante, ya que pueden ser muy distintos de los obtenidos en obra. Para conocer la parte de infiltraciones que se da en los huecos, deben realizarse ensayos de soplado estacionario en el hueco en cuestión.

La vivienda CUMPLE SOBRADAMENTE con la exigencia de permeabilidad de la envolvente impuesta por la legislación vigente (CTE, 2019). No llegaría a cumplir el nivel de exigencia de estanqueidad impuesto por la certificación del Passiv-Haus Institute, para casas pasivas.

5.6.   ANEXO: Sistema de medida

Este apartado del capítulo, podría situarse como parte introductoria en un informe o bien en forma de anexo, al final del documento. Algunos de los conceptos que en esta parte se detallan ya se han introducido en el capítulo 4, pero el objetivo es mostrar cómo se debe describir en detalle el sistema de medida en el informe.

El ensayo se realiza mediante la técnica de presurización estacionaria o soplado a través de una apertura en la envolvente, que suele ser una puerta principal (Blower door test). Este tipo de ensayos se describen en la norma UNE-EN-ISO 13289 AENOR (2015) y se han tratado en detalle en el capítulo 4.2 de esta monografía. El ensayo consiste en presurizar o despresurizar la vivienda usando un ventilador instalado en una apertura de la envolvente. Al despresurizar la vivienda el aire del exterior se ve forzado a entrar por las aperturas existentes, y se canaliza hacia el ventilador. Por conservación de masas, en estado estacionario, el aire que se infiltra al edificio es el mismo que sale atravesando el ventilador, de modo que midiendo el caudal de salida a través del ventilador y la presión diferencial entre el interior y el exterior de la vivienda se puede obtener la curva de presión-caudal del edificio. En el caso de presurizar, el mismo principio aplica.

El sistema de medida, diseñado por el autor especialmente para este tipo de ensayos, consta de sensores de presión diferencial, sensores de caudal, un ventilador axial, un sistema de adquisición de datos y un ordenador con el software de control de la instrumentación. A diferencia de los equipos de medida comerciales disponibles en el mercado, en el usado para este informe, la medición de caudal se ha realizado mediante un Venturi (ver capítulo 3.2.2), en lugar de los sensores colocados en la aspiración del ventilador que usan los equipos comerciales (mucho más dependientes de calibraciones periódicas).

Los ensayos realizados para el presente informe, se han desarrollado ajustando la velocidad del ventilador, hasta que el diferencial de presión ΔP es el deseado. Una vez el edificio se encuentra a la presión estacionaria deseada, se realizan mediciones de la misma, y del caudal que atraviesa el ventilador Q. Las mediciones se realizan muestreando a 1 kHz durante aproximadamente 30 s. De cada una de estas mediciones en el dominio del tiempo, se obtienen los valores ΔP y Q definitivos, que resultan de calcular la media temporal de los valores muestreados ($\sim$30000 muestras). Se calculan además las desviaciones estándar (σ) de cada magnitud, para garantizar la calidad de las medidas y verificar como de estable es la presión fijada en el edificio y el caudal medido. Los resultados aparecen en la tabla 5.3.

El montaje del sistema se realiza en la puerta principal de la vivienda (figura 5.4). Con la puerta completamente abierta, se instala una placa de policarbonato que asegura la estanqueidad del cerramiento. La placa dispone de una apertura circular en la que se instala el ventilador axial y un pequeño orificio que permite pasar el tubo para la medida de la diferencia de presión entre el interior y el exterior. La estanqueidad de la instalación en la puerta, se verifica con un generador de humo. El ventilador axial se controla mediante un variador de frecuencia que permite establecer de forma precisa su velocidad de giro. Las mediciones se realizan registrando dos presiones diferenciales mediante sensores debidamente calibrados. Los sensores que se utilizan en las medidas tienen un rango de 500 Pa, resolución de 0.1 Pa (en el primer tercio del fondo de escala), precisión de 0.5 Pa (%0.1 del fondo de escala) y repetitividad del 0.3 % del valor medido. Las presiones ΔP se han configurado en el intervalo de 20 a 180 Pa en saltos de 10 Pa.

La presión diferencial medida en el Venturi se utiliza para calcular la velocidad del flujo a través del ventilador y el caudal Q. Verificaciones previas realizadas en laboratorio durante el proceso de diseño del sistema de medida, con una matriz de 6 sondas Pitot, demuestran que el sistema basado en el Venturi, es capaz de medir el caudal con diferencias menores al 3 %. Durante el ensayo se mantienen cerradas todos los huecos de la envolvente, y se mantienen abiertas las aperturas interiores de la vivienda. En la figura 5.4 aparece una imagen esquemática del montaje experimental

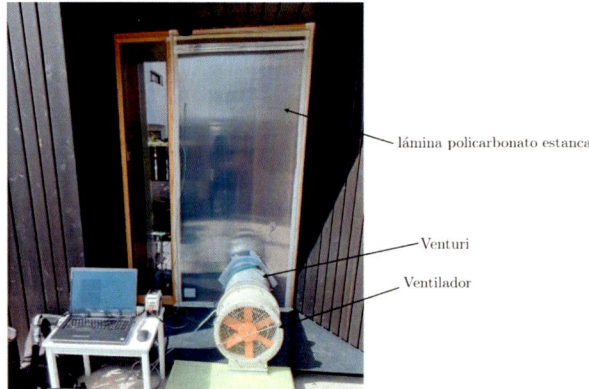

Figura 5.3: Imagen de la instalación del sistema de medida en la vivienda a ensayar.

realizado.

El software de control de la instrumentación se ha desarrollado y programado a medida para esta aplicación. La interfaz permite fijar o no el tiempo durante el cual se realiza la adquisición de datos y si los datos se graban a disco, o simplemente se muestran por pantalla. Tanto si se graban como si solamente se muestran por pantalla, se puede configurar la frecuencia de muestreo de las medidas de presión y caudal. En la imagen 5.5, puede verse una captura del software desarrollado para la adquisición de datos.

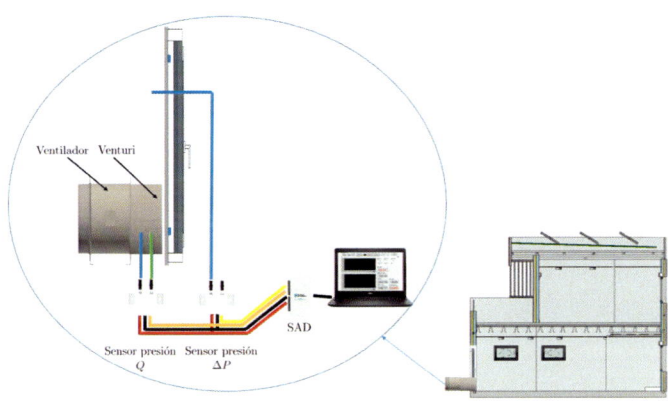

Figura 5.4: Esquema general de la instalación.

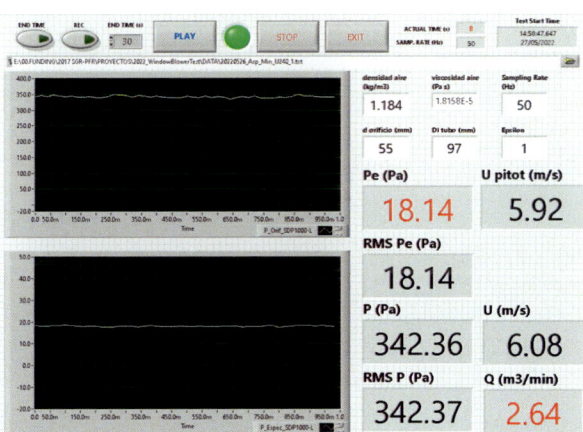

Figura 5.5: Captura de pantalla con la interfaz del software de adquisición de datos desarrollado para las mediciones.

Capítulo 6

Caso práctico 2: Caracterización de una ventana de un ECCN in situ

En este capítulo se describe un ensayo de estanqueidad de un componente de la envolvente de una vivienda unifamiliar, en concreto de una ventana. La vivienda en la que se ensaya el hueco es la misma para la que se ha descrito un ensayo de soplado global de la envolvente, y que aparece en el capítulo 5. La descripción se hace a modo de **informe técnico**, de manera que puede servir de guía para elaborar un documento típico de resultados. Inicialmente se describen los objetivos del ensayo y a continuación se dan los detalles constructivos necesarios del componente y de su montaje en obra. Seguidamente, se presentan los resultados y las conclusiones. En la última parte del informe, a modo de anexo, debe incluirse una descripción del sistema de medida utilizado y de las características de las mediciones.

6.1. Objetivos del informe

El ensayo consiste de una serie de mediciones de la estanqueidad de una ventana, ya instalada en una obra. La edificación se sitúa en la localidad de Cambrils (Tarragona).

El objetivo último del trabajo es medir experimentalmente el caudal de infiltraciones de la muestra, y por tanto verificar su clase de estanqueidad, una vez instalada en obra. Es importante entender que este valor puede diferir en gran medida del valor de estanqueidad aportado por el fabricante, ya que éste último resulta de mediciones en laboratorio. Esto es un aspecto fundamental del control de la calidad de la instalación de los huecos, una vez instalados en obra. El ensayo permite verificar si se cumple la normativa aplicable en cuanto a permeabilidad de huecos, según el DB HE sobre Ahorro de Energía del CTE (2019). También permite verificar si la clasificación otorgada por el fabricante tras ensayos en laboratorio, se mantiene en obra.

6.2. Muestra a ensayar

Se incluye en la tabla 6.1 de este apartado, información técnica relevante a la estanqueidad de la muestra a ensayar, tal y como la proporciona el fabricante:

6.3. Descripción de la instalación en obra

El montaje de la ventana se realiza sobre un premarco de madera anclado directamente a la fábrica de ladrillo de la fachada. En la parte exterior se utiliza un sistema de aislamiento térmico (SATE) que termina en el marco de la ventana. Se trata de una ventana con un marco de madera maciza de espesor 78 mm, con caja de persiana exterior aislada. La figura 6.1 muestra el tipo de montaje descrito.

Localización de la obra: Cambrils, 43850 Tarragona
Zona climática (CTE, 2019)   B
Fabricante: Freumex
Modelo: Compol 13
Dimensiones: 1200 x 1350 mm
Tipo: Oscilobatiente
Material: Madera 78 mm
Permeabilidad aire: Clase 4
Estanqueidad al agua: clase 9A
Resistencia cargas viento: clase 3
Transmitancia térmica: Uw = 1.3 W/m^{2}K

Cuadro 6.1: Parámetros relevantes de la muestra.

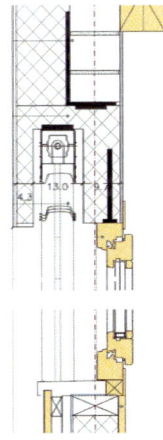

Figura 6.1: Detalle constructivo de la ventana instalada en el hueco de la envolvente.

Clase	Permeabilidad al aire de referencia a 100 Pa m³/(h·m²)	Presión máxima de ensayo Pa
1	50	150
2	27	300
3	9	600
4	3	600

Figura 6.2: Valores de estanqueidad al aire normalizados con la superficie del hueco, según la norma UNE-EN 12207 (AENOR, 2017b).

6.4. Resultados: Ensayos cuantitativos de estanqueidad de la ventana en obra

Los ensayos se realizan utilizando el sistema experimental descrito en el Anexo 6.8, diseñado por el autor de la monografía y que cumple lo establecido en la norma ASTM E283-04 ASTM (2004). En el capítulo 4.3 se trata todo lo referente a la medida de la estanqueidad de huecos. Los valores de referencia de estanqueidad para los huecos en la envolvente, vienen dados por la norma UNE-EN 12207 (AENOR, 2017b), sobre la clasificación de ventanas y puertas, en cuanto permeabilidad al aire, y se muestran en la tabla de la figura 6.2.

Por otro lado, en el Documento Básico HE de Ahorro de Energía de diciembre del CTE CTE (2019), se establecen los mínimos que tienen que cumplir los huecos en la envolvente de las edificaciones, en función de la zona climática en la que se encuentran. Los valores deben obtenerse teniendo en cuenta el cajón de la persiana (si es que lo hay) y se corresponden con los de las clases 2 o 3. en el caso que nos ocupa, con una **vivienda en zona climática B, los huecos deben ser como mínimo clase 2**, con caudales de infiltración menores o iguales a 27 m³/h m².

Los ensayos realizados para el presente informe, se han desa-

Valor límite de *permeabilidad al aire* de *huecos* de la *envolvente térmica*,
$Q_{100,lim}$ [m³/h·m²]

	Zona climática de invierno					
	α	A	B	C	D	E
Permeabilidad al aire de huecos ($Q_{100,lim}$)*	≤ 27	≤ 27	≤ 27	≤ 9	≤ 9	≤ 9

* La permeabilidad indicada es la medida con una sobrepresión de 100Pa, Q_{100}.
  Los valores de permeabilidad establecidos se corresponden con los que definen la clase 2 (≤27 m³/h·m²)
  y clase 3 (≤9 m³/h·m²) de la UNE-EN 12207:2017.
  La permeabilidad del hueco se obtendrá teniendo en cuenta, en su caso, el cajón de persiana.

Figura 6.3: Valores de estanqueidad al aire normalizados con la superficie del hueco, según el DB-HE del CTE (2019) en función de la zona climática.

rrollado ajustando la velocidad del ventilador hasta que la presión de ensayo en la muestra (P_e), es la deseada. Una vez a la presión deseada, se realizan mediciones tanto de P_e como del caudal de infiltraciones a través de la muestra (Q) durante 30 s, muestreando a 1 kHz. Los valores P_e - Q definitivos resultan de calcular la media temporal de todos los valores muestreados. Se calculan además otros parámetros estadísticos como por ejemplo la desviación estándar, para garantizar la calidad de las medidas. Las presiones P_e configuradas durante el ensayo, han sido de 75, 100 y 125 Pa.

La gráfica de la figura 6.4 muestra los resultados de los ensayos realizados con la ventana tal y como está instalada en obra (figura 6.1). En la gráfica se incluyen casos en los que los aireadores se habían tapado con cinta, para comprobar su efecto sobre las infiltraciones a través del elemento. De estos casos resultan caudales ligeramente menores ($\sim 4\,\%$), por lo que se concluye que su efecto, en este caso es mínimo. En la gráfica se incluye una curva de trazo discontinuo, que indica la regresión lineal obtenida para el caso general de aireadores abiertos, después de aplicar la ley potencial descrita en el capítulo 3.1. Esta curva, como hemos visto permite interpolar valores a cualquier nivel de presión deseado. El valor de referencia que se toma de las gráficas para obtener la clasificación del hueco, es el caudal de infiltraciones obtenido a una P_e de 100 Pa, denominado Q_{100} y se normaliza en base a la superficie del hueco,

ENSAYOS DE PRESURIZACIÓN ESTACIONARIA

Aireadores	Clase	Q_{100} (m³/h· m²)	Q_{50} (m³/h· m²)
Cerrados	C2	13.17	8.02
Abiertos	C2	14.28	9.25

Cuadro 6.2: Clase de estanqueidad resultante (UNE-EN 12207 (AENOR, 2017b)) y caudales a presiones de referencia 50 y 100 Pa, respectivamente, para el caso de aireadores cerrados o abiertos.

en m³/h· m²). La clase de estanqueidad según la norma UNE-EN 12207 (AENOR, 2017b), y los valores finales obtenidos de caudal de infiltraciones a 100 Pa, aparecen en la tabla resumen de resultados 6.2.

El resultado del ensayo es que **la clase de estanqueidad real de la ventana, instalada en obra, es clase 2 y no clase 4**, como se detalla en el certificado del fabricante. Si todos los huecos de la vivienda se han fabricado, transportado e instalado de misma forma, podemos asumir que la clasificación de todos ellos en obra, es más cercana a clase 2 que 4. Dicho esto, sabiendo la superficie total de huecos en la envolvente, podríamos estimar el caudal de infiltraciones que se da a través de todos los huecos, a 100 Pa. Con el valor medido de 14.28 m³/h m² y una superficie total de huecos de 55.6 m² (ver tabla 5.1 del capítulo 5), se obtiene un caudal total en los huecos $Q_{h_{100}}$=793.97 m³/h. Sabiendo que el resultado del ensayo de soplado estacionario global de la envolvente, descrito en el capítulo 5, es Q_{100}^{G}=1775.43 m³/h (tabla 5.5), se tiene que **el 44.72 % de las infiltraciones a través de la envolvente, se producen por los huecos**. Haciendo lo mismo con los datos obtenidos a 50 Pa, el resultado es muy similar, con un porcentaje de infiltraciones en los huecos 46.12 %, respecto al total en la envolvente. Cualquiera de estos dos valores dista mucho de la que se obtendría, si las ventanas fueran realmente clase 4, y que resultaría en un 9.4 % (ver capítulo 5). En consecuencia, podemos asegurar que casi la mitad de las infiltraciones en la vivienda caracterizada, son debidas a una falta de estanqueidad de los huecos. Acciones correctivas deberían dirigirse a mejorar la instalación de ventanas y puertas, y no de la

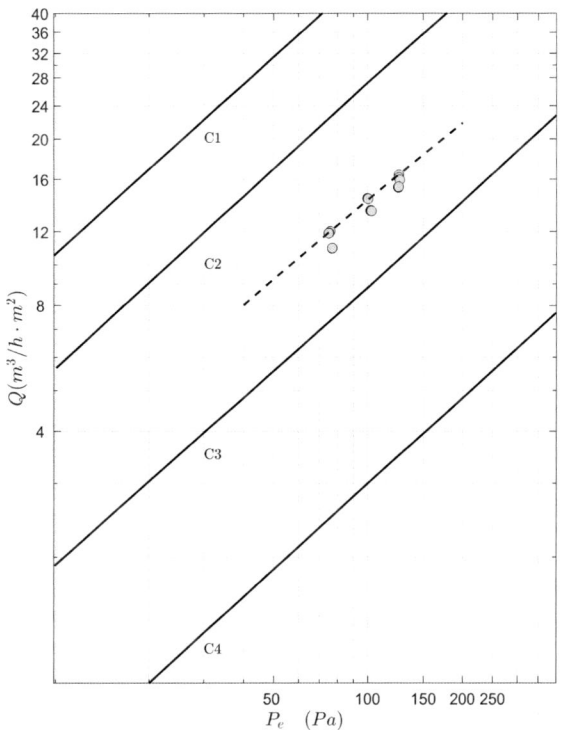

Figura 6.4: Resultados P_e - Q.

envolvente en general.

En vista de los resultados obtenidos, es conveniente realizar visualización de flujo e imagen termográfica, para obtener información cualitativa sobre las infiltraciones.

6.5.   Visualización de flujo

En esta sección se presentan resultados de visualización de flujo (ver capítulo 4.4.2), obtenidos durante el ensayo de despresurización estacionaria global de la envolvente. Para obtener las imágenes que aparecen en las figuras 6.5 a 6.7, se despresuriza la vivienda a una presión de referencia, en este caso, con un ΔP de 50 Pa. En el exterior de la vivienda se utiliza una máquina generadora de humo, de manera que se dirige la salida hacia el elemento en el que se sospecha se producen las infiltraciones. Desde el interior se toman fotografías o vídeos con una cámara digital, para visualizar el proceso de entrada de humo y por tanto las infiltraciones.

Como puede verse en la secuencia de imágenes de la figura 6.5, en el encuentro entre las hojas de las puertas correderas instaladas en la envolvente de la vivienda, se producen grandes infiltraciones de aire. En la figura puede verse como justo al iniciar la generación de humo (imagen a la izquierda), ya se producen infiltraciones, que van a más al pasar el tiempo (imágenes a la derecha). Después de unos segundos, la entrada de humo es masiva, de manera que se pierde la visibilidad al completo, indicando un gran caudal de infiltraciones (figura 6.6).

Además de visualizar las infiltraciones en los grandes huecos de la vivienda, se procedió a estudiar ventanas similares a la ensayada, descrita en los apartados anteriores. Se aplicó la misma presión de ensayo que en el caso de la corredera, es decir 50 Pa. En la figura 6.7, pueden verse claramente infiltraciones a través de la zona en la que van instalados los herrajes. También en puntos concretos de la zona de unión de cristal con el marco.

La visualización de flujo, corrobora el hecho de que las ventanas

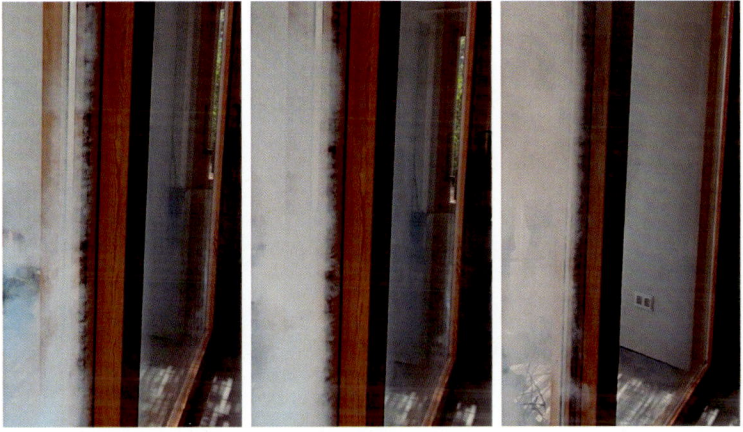

Figura 6.5: Secuencia de visualización de flujo en una de las correderas de la vivienda, en los instantes iniciales de la generación de humo.

están lejos de producir la estanqueidad requerida a los elementos de clase 4, como ya nos habían indicado previamente, los ensayos cuantitativos de despresurización estacionaria realizados en una de las ventanas de la vivienda.

6.6. Termografía

Si se utilizan las técnicas descritas en el capítulo 4.4.1, para producir imágenes termográficas, podemos obtener información cualitativa que nos ayude a entender todavía mejor como se dan infiltraciones a través de los huecos. En la figura 6.8a), se muestra una imagen termográfica de la corredera de la vivienda analizada en el apartado anterior, usando humo. En la imagen puede verse como en la zona en la que se había visto la entrada de humo, se tienen gradientes de temperatura importantes, lo que indica la existencia de infiltraciones. Con relación a la ventana ensayada, en la figura 6.8b), se tiene un termograma en el que nuevamente pueden identificarse gradientes en la zona de unión del marco y el cristal.

Figura 6.6: Visualización de flujo en una de las correderas de la vivienda, al cabo de segundos de iniciar la generación de humo.

Figura 6.7: Visualización de flujo en la ventana ensayada mediante despresurización estacionaria.

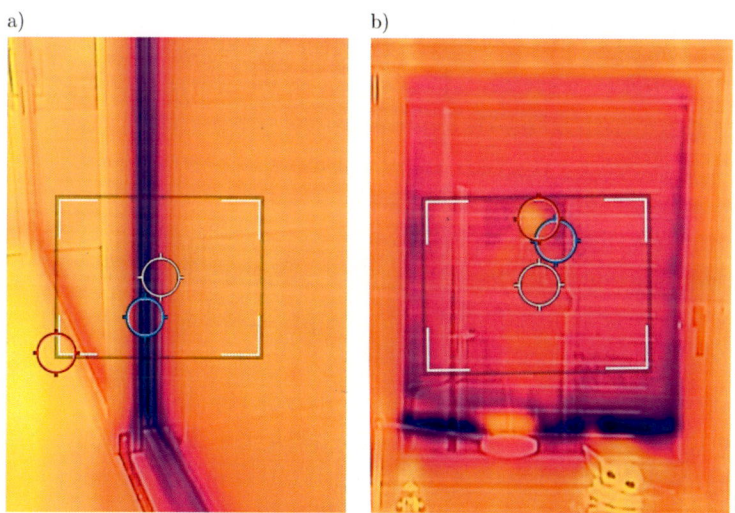

Figura 6.8: Imágenes termográficas de una de las correderas (a) y una de las ventanas (b) de la vivienda analizada.

6.7. Conclusiones

Se han realizado **ensayos de estanqueidad de una ventana instalada en obra**, que permiten obtener experimentalmente los caudales de infiltración y por tanto la clasificación de estanqueidad al aire de los cerramientos en la envolvente in situ, y no en un laboratorio. El sistema permite realizar ensayos en componentes concretos instalados en obra, de forma fácil, rápida y precisa para así poder **cuantificar las infiltraciones en los cerramientos in situ**.

Los ensayos permiten no solo identificar la clase de estanquei-dad al aire, sino que permiten cuantificar los caudales en detalle a diferentes niveles de presión. El método presentado es de especial interés para técnicos, proyectistas, instaladores y fabricantes. Per-mite conocer defectos (o bondades) en obra, para así poder aplicar correcciones si es necesario, o para auditar/peritar la permeabilidad de cerramientos, in situ. Los valores de estanqueidad que proporcio-nan los fabricantes se obtienen en laboratorio y son utilizados por los proyectistas y técnicos para diseñar las edificaciones y obtener los certificados energéticos. **Los valores obtenidos en laborato-rio son dependientes del proceso de montaje e instalación, y pueden diferir en gran medida de los que se consiguen en obra**. Los posibles cambios en la clase de permeabilidad al hacer la instalación en obra dependerán del tipo de cerramiento, del mate-rial del cerramiento, de los sistemas constructivos, de los materiales y la tipología de la envolvente, de los premarcos y sobre todo de la pericia de los operarios instaladores.

El ensayo de la **muestra que nos ocupa**, ha resultado en una **clasificación Clase C2, muy alejada de la clase C4 certi-ficada por el fabricante**, independientemente del estado de los aireadores (abiertos o cerrados), por lo que difiere notablemente del resultado obtenido en laboratorio y de la clase establecida por el fabricante en su etiqueta de prestaciones (ver tabla 6.1).

Los resultados presentados en este capítulo, complementados con los del ensayo de estanqueidad global de la envolvente (capítulo

5), permiten afirmar que, en la vivienda analizada, **aproximadamente el 45 % de las infiltraciones se producen a través de los huecos**, y el resto a través de defectos en la parte opaca de la envolvente, orificios de instalaciones, etc.

6.8. Anexo: Sistema de medida

El sistema consta de una cámara estanca que se instala en obra, sobre el espécimen a ensayar, una serie de conductos, sensores de presión diferencial, sensores de caudal, un ventilador centrífugo, un sistema de adquisición de datos y un ordenador con el software de control de la instrumentación. En la figura 6.9 se puede ver un esquema del montaje experimental.

La cámara estanca se consigue instalando sobre el hueco, en este caso por la parte interna de la envolvente, una lámina de material flexible e impermeable al aire, alrededor del hueco del elemento a ensayar. La lámina flexible se soporta mediante una estructura de aluminio y cuerdas elásticas tensadas que a su vez se ancla mediante ventosas de succión al cristal de la ventana. De esta manera se consigue un volumen completamente estanco y rígido alrededor del espécimen por la parte interna de la envolvente. La cámara se despresuriza aspirando aire mediante un ventilador centrífugo que permite el control de su velocidad. Si es necesario, en el sistema se puede instalar una válvula para ajustar las capacidades del ventilador a la impedancia de la instalación. Para medir la presión en la cámara se utiliza un sensor diferencial con rango 500 Pa y precisión del 0.1 % del fondo de escala. Permite obtener la diferencia de presión a ambos lados del cerramiento ensayado, es decir la presión diferencial entre el interior de la cámara estanca y la presión atmosférica en el interior de la vivienda (P_e). En la cámara estanca se instala un accesorio que permite conectar un conducto flexible hasta uno rígido en el que se tiene instalado el sensor de caudal. Éste último consiste de un medidor de placa de orificio verificado en laboratorio, que cumple con las especificaciones descritas en las

ENSAYOS DE PRESURIZACIÓN ESTACIONARIA

normas UNE-EN-ISO-5167-1/2 (AENOR, 2023, 2003a). La norma describe las características que debe tener la instalación y la placa orificio, y como obtener el caudal a partir de una medida de presión diferencial, proceso basado en la aplicación de la ecuación de Reader-Harris/Gallagher (Reader-Harris et al., 2021). El caudal que aspira el ventilador es el mismo que se mide en los conductos, por conservación de masas, y esto permite tener el caudal de infiltraciones en el cerramiento (Q).

El software de control de la instrumentación se ha desarrollado y programado a medida para esta aplicación. Se puede ver el aspecto general de la interfaz desarrollada en la figura 7.7. La interfaz permite fijar o no el tiempo durante el cual se realiza la adquisición de datos y si los datos se graban a disco o simplemente se muestran por pantalla. Tanto si se graban como si solamente se muestran por pantalla, se puede configurar la frecuencia de muestreo de las medidas de presión P_e y caudal Q, en Hz. Otros parámetros que solicita el software son la densidad (en kg/m^3) y la viscosidad dinámica (en Pa·s) del aire, que dependen de la temperatura, presión barométrica y humedad relativa medidas durante el ensayo.

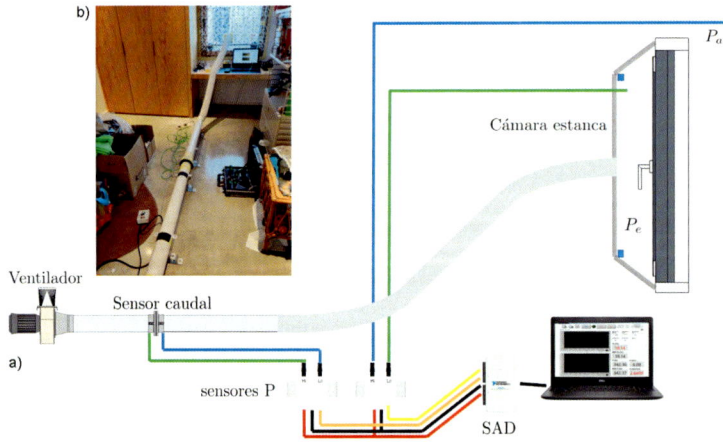

Figura 6.9: Esquema del sistema de medida e inserto con el aspecto del software de medida.

Capítulo 7

Caso práctico 3: Caracterización de una ventana de un ECCN in situ

En este capítulo se describe un ensayo de estanqueidad de un componente de la envolvente de una vivienda unifamiliar, en concreto de una ventana. La descripción se hace a modo de **informe técnico**, de manera que puede servir de guía para elaborar un documento típico de resultados. Inicialmente se describen los objetivos del ensayo y a continuación se dan los detalles constructivos necesarios del componente y de su montaje en obra. Seguidamente, se presentan los resultados y las conclusiones. En la última parte del informe, a modo de anexo, se incluye una descripción del sistema de medida utilizado y de las características de las mediciones.

7.1. Objetivos del informe

El ensayo consiste de una serie de mediciones de la estanqueidad de una ventana, ya instalada en una obra. La edificación se sitúa en la provincia de Tarragona.

ENSAYOS DE PRESURIZACIÓN ESTACIONARIA

El objetivo último del trabajo es medir experimentalmente el caudal de infiltraciones de la muestra, y por tanto verificar su clase de estanqueidad in situ, es decir, una vez instalada en obra. Es importante entender que este valor puede diferir en gran medida del valor de estanqueidad aportado por el fabricante, ya que éste último resulta de mediciones en laboratorio. Esto es un aspecto fundamental del control de la calidad de la instalación de los huecos, una vez instalados en obra. El ensayo permite verificar si se cumple la normativa aplicable en cuanto a permeabilidad de huecos, según el DB HE sobre Ahorro de Energía del CTE (2019). También permite verificar si la clasificación otorgada por el fabricante tras ensayos en laboratorio, se mantiene en obra.

7.2. Muestra a ensayar

Se incluye en la tabla 7.1 de este apartado, información técnica relevante a la estanqueidad de la muestra a ensayar, tal y como la proporciona el fabricante:

Localización de la obra:	Tarragona, 43007 Tarragona
Zona climática (CTE, 2019)	B
Fabricante:	Window center DYNA
Modelo:	260001
Dimensiones:	600x600 mm
Tipo:	Oscilobatiente
Material:	PVC 70 mm / 5 cámaras
Permeabilidad aire:	Clase 4
Estanqueidad al agua:	E750
Resistencia cargas viento:	B3/C3
Aislamiento acústico:	Clase 2
Transmitancia térmica:	$Uw = 1.0$ W/m^{2}K

Cuadro 7.1: Parámetros relevantes de la muestra.

7.3. Descripción de la instalación en obra

El montaje de la ventana se realiza sobre un premarco de madera laminada formado por elementos de 180x80 mm. El premarco va montado directamente sobre el panel de material compuesto que forma la envolvente, en la cara interior del panel. Los paneles usados en la envolvente en construcción pueden ser diferentes materiales incluyendo diferentes capas con núcleos aislantes de materiales como el poliestireno extruido (XPS) el poliuretano (PUR) o poliisocianurato (PIR), a modo de ejemplo. Recubriendo el núcleo aislante en ambos lados se suele colocar acero galvanizado tratado, madera, polímeros, yeso u otros materiales. El resultado es un elemento que garantiza transmitancias muy bajas y de gran resistencia estructural. En este caso, el panel en el que se monta la muestra está basado en un compuesto de madera y espuma XPS. El premarco, instalado en la parte interior del panel de la envolvente, garantiza la ausencia de puentes térmicos en la zona de montaje del hueco. La figura 7.1 muestra el tipo de montaje descrito, en otro de los huecos del edificio, en diferentes estadios constructivos. En el momento del ensayo, no se había instalado la parte interna del trasdosado de placas de cartón yeso ni el aislante sintético (estos no modifican la estanqueidad del montaje), aunque si que se había sellado el perímetro entre premarco de madera y la ventana, con cintas de estanqueidad y espuma de poliuretano expansiva, tal y como aparece en la figura 7.2.

7.4. Resultados: Ensayos cuantitativos de estanqueidad de huecos en obra

Los ensayos se realizan usando el sistema experimental descrito en detalle, en el Anexo 7.6, diseñado y construido por el autor de esta monografía.

Los valores de referencia de estanqueidad para los huecos en la envolvente, vienen dados por la norma UNE-EN 12207 (AENOR,

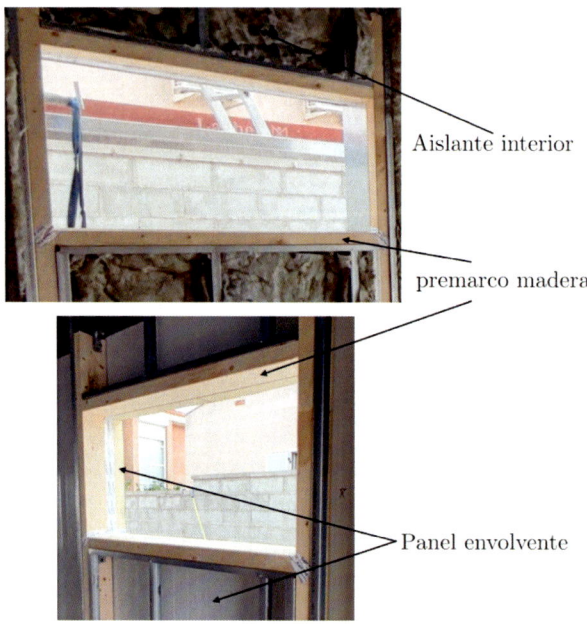

Figura 7.1: Detalle constructivo de la ventana instalada en el hueco de la envolvente.

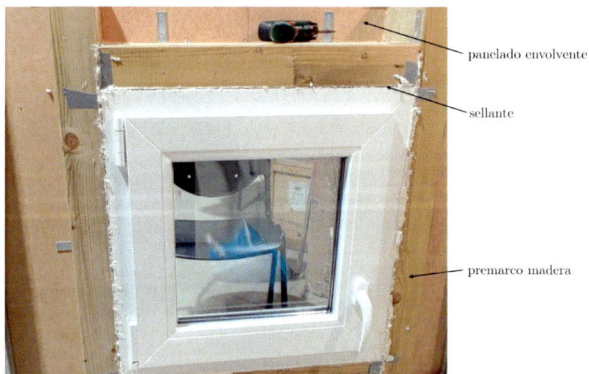

Figura 7.2: Detalle constructivo de la ventana instalada en el hueco de la envolvente.

Clase	Permeabilidad al aire de referencia a 100 Pa m³/(h·m²)	Presión máxima de ensayo Pa
1	50	150
2	27	300
3	9	600
4	3	600

Figura 7.3: Valores de estanqueidad al aire normalizados con la superficie del hueco, según la norma UNE-EN 12207 (AENOR, 2017b).

Valor límite de *permeabilidad al aire* de *huecos* de la *envolvente térmica*, $Q_{100,lim}$ [m³/h·m²]

	Zona climática de invierno					
	α	A	B	C	D	E
Permeabilidad al aire de huecos ($Q_{100,lim}$)*	≤ 27	≤ 27	≤ 27	≤ 9	≤ 9	≤ 9

* La permeabilidad indicada es la medida con una sobrepresión de 100Pa, Q_{100}.
Los valores de permeabilidad establecidos se corresponden con los que definen la clase 2 (≤27 m³/h·m²) y clase 3 (≤9 m³/h·m²) de la UNE-EN 12207:2017.
La permeabilidad del hueco se obtendrá teniendo en cuenta, en su caso, el cajón de persiana.

Figura 7.4: Valores de estanqueidad al aire normalizados con la superficie del hueco, según el DB-HE del CTE (2019) en función de la zona climática.

2017b), sobre la clasificación en cuanto permeabilidad al aire de ventanas y puertas, y se muestran en la tabla de la figura 7.3.

Por otro lado, en el Documento Básico HE de Ahorro de Energía del CTE (2019), se establecen los mínimos que tiene que cumplir los huecos en la envolvente de las edificaciones, en función de la zona climática en la que se encuentran. Los valores deben obtenerse teniendo en cuenta el cajón de la persiana y se corresponden con los de las clases 2 o 3.

Los ensayos realizados para el presente informe se han obtenido con el sistema diseñado por el autor, descrito en el Anexo 7.6. Se han desarrollado ajustando la velocidad del ventilador hasta que la presión de ensayo en la muestra (P_e), es la deseada. Una vez

Aireadores	Clase UNE-EN 12207	Q_{100} (m^3/h· m^2)
Cerrados	C3 (límite C4)	2.98
Abiertos	C3	6.15

Cuadro 7.2: Resultados referidos a la superficie del hueco.

a la presión deseada, se realizan mediciones tanto de P_e como del caudal de infiltraciones a través de la muestra (Q) durante 30 s, muestreando a 1 kHz. Los valores P_e - Q definitivos resultan de calcular la media temporal de todos los valores muestreados. Se calculan además otros parámetros estadísticos como por ejemplo la desviación estándar, para garantizar la calidad de las medidas. Las presiones P_e configuradas durante el ensayo, van de 50 a 500 Pa en saltos de 50 Pa.

La gráfica de la figura 7.5 muestra los resultados de los ensayos realizados con la ventana tal y como está instalada en obra (figura 7.2). La gráfica de la figura 7.6 muestra resultados de ensayos repetidos a las mismas presiones, pero en este caso con los orificios de aireación sellados usando cinta adhesiva. Esto permite la comparación de los niveles de estanqueidad conseguidos en ambas situaciones (con y sin aireadores). El valor de referencia que se toma de las gráficas para obtener la clasificación del hueco, es el caudal de infiltraciones obtenido a P_e=100 Pa, denominado Q_{100} y se normaliza en base a la superficie, teniendo unidades de m^3/h· m^2). La clase de estanqueidad según la norma UNE-EN 12207 (AENOR, 2017b) y los valores finales obtenidos de caudal de infiltraciones a 100 Pa, aparecen en las tablas de resumen de resultados 7.2. Los resultados indican que la ventana, certificada como clase 4, una vez instalada en obra se comporta como clase 3. Solo en el caso de sellar los aireadores, se consigue llegar a los niveles de clase 4 (en el límite).

En vista de que los resultados son satisfactorios, y los caudales de infiltraciones son aproximadamente los esperados, no se procede a realizar mediciones termográficas o visualización de flujo con humo.

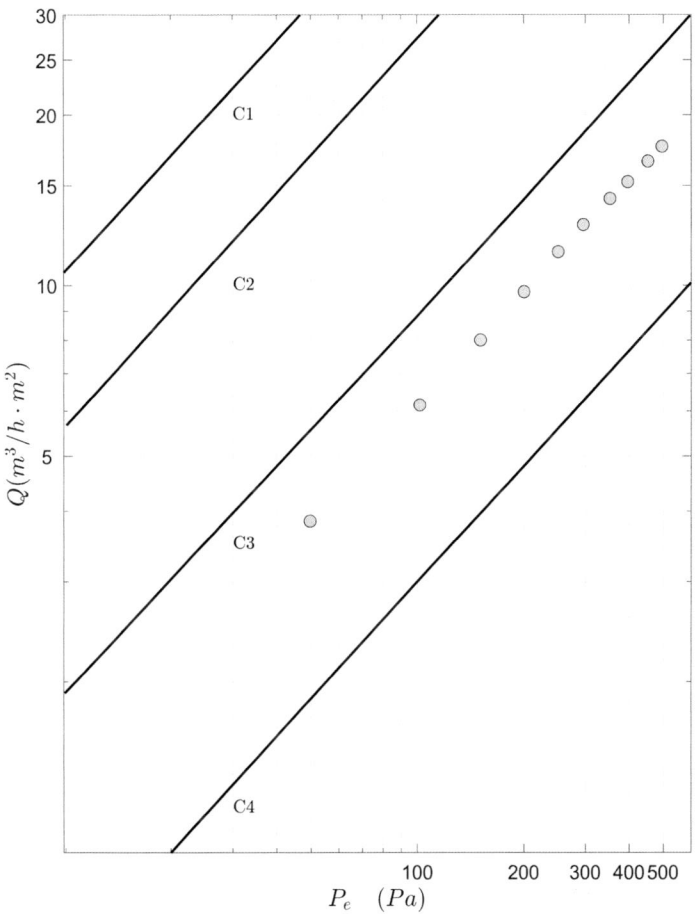

Figura 7.5: Resultados P_e - Q con los orificios aireadores abiertos.

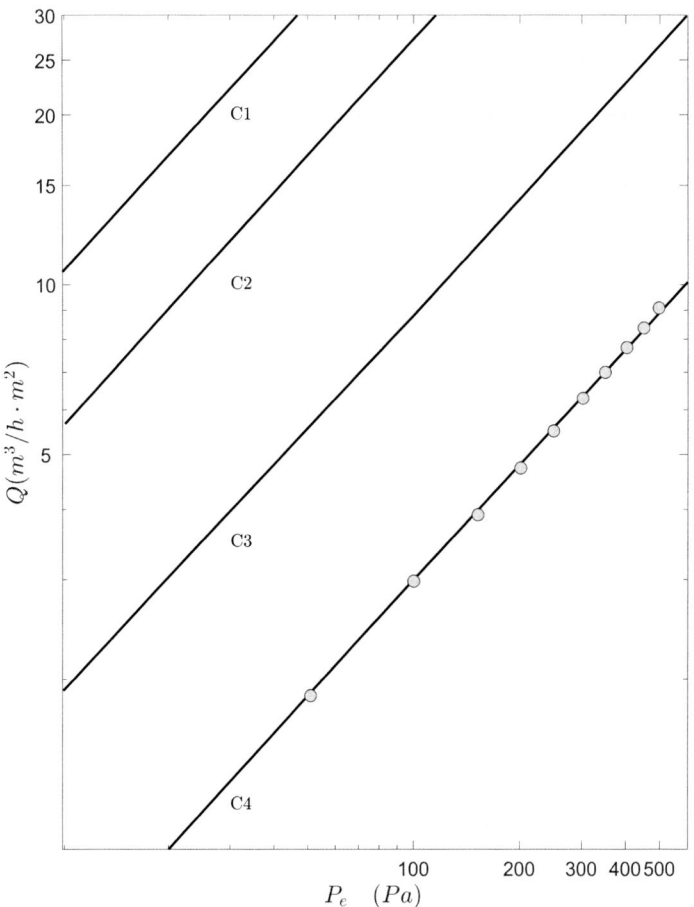

Figura 7.6: Resultados P_e - Q con los orificios aireadores cerrados.

7.5. Conclusiones

Se han realizado **ensayos de estanqueidad de una ventana instalada en obra**, que permiten obtener experimentalmente los caudales de infiltración, y por tanto la clasificación de estanqueidad al aire de huecos específicos de la envolvente, in situ, y no en un laboratorio.

Los ensayos permiten no solo identificar la clase de estanqueidad al aire, sino que permiten cuantificar los caudales en detalle a diferentes niveles de presión. El método presentado es de especial interés para técnicos, proyectistas, instaladores y fabricantes. Permite conocer defectos (o bondades) en obra, para así poder aplicar correcciones si es necesario, o para auditar/peritar la permeabilidad de cerramientos, in situ. Los valores de estanqueidad que proporcionan los fabricantes se obtienen en laboratorio y son utilizados por los proyectistas y técnicos para diseñar las edificaciones y obtener los certificados energéticos. **Los valores obtenidos en laboratorio, serán diferentes a los obtenidos una vez se hace la instalación en obra, ya que dependen fuertemente del proceso de montaje e instalación**. Los posibles cambios en la clase de permeabilidad al hacer la instalación en obra, serán función del tipo de cerramiento, del material del cerramiento, de los sistemas constructivos, de los materiales y la tipología de la envolvente, de los premarcos, la pericia de los operarios instaladores, etc.

El ensayo de la **muestra que nos ocupa**, ha resultado en una clasificación **Clase C3** (en el límite con C4) para el caso con aireadores cerrados y **Clase C3** con los aireadores abiertos).

7.6. Anexo: Sistema de medida

El sistema consta de una cámara estanca que se instala en obra, sobre el espécimen a ensayar, una serie de conductos, sensores de presión diferencial, sensores de caudal, un ventilador centrífugo, un sistema de adquisición de datos y un ordenador con el software de control de la instrumentación. En la figura 7.7 se puede ver un

ENSAYOS DE PRESURIZACIÓN ESTACIONARIA

esquema del sistema experimental.

La cámara estanca se consigue instalando sobre el cerramiento, por la parte externa a la envolvente, una lámina de material rígido e impermeable al aire, alrededor del hueco del elemento a ensayar. La lamina se atornilla directamente al panel de la envolvente y en todo el perímetro de la unión se usa cinta butílica para garantizar el correcto sellado. Previo al inicio de los ensayos, se verifica usando humo, que la cámara es del todo estanca. De esta manera se consigue un volumen completamente estanco alrededor del espécimen por la parte externa de la envolvente. La cámara se despresuriza aspirando aire mediante un ventilador centrífugo que permite el control de su velocidad. Si es necesario, en el sistema se puede instalar una válvula para ajustar las capacidades del ventilador a la impedancia de la instalación. Para medir la presión en la cámara se utiliza un sensor diferencial con rango 500 Pa y precisión del 0.1 % del fondo de escala. El sensor permite obtener la diferencia de presión a ambos lados del cerramiento ensayado, es decir la presión diferencial entre el interior de la cámara estanca y la presión atmosférica en el exterior de la vivienda (P_e). En la cámara estanca se instala un accesorio que permite conectar un conducto flexible hasta uno rígido en el que se tiene instalado el sensor de caudal. Éste último consiste de un sensor de flujo másico (MAF) de hilo caliente que permite medir caudales de hasta 9 m^3/h con precisión de 2.5 % de su fondo de escala. Los ensayos se realizan con sensores duplicados para verificar su correcto funcionamiento con medidas redundantes, mostrando siempre incertidumbres menores al 2 % en las medidas. El caudal que aspira el ventilador es el mismo que se mide en los conductos, por conservación de masas, y esto permite tener el caudal de infiltraciones en el cerramiento (Q).

Todos los componentes y la metodología de ensayo han sido diseñados y fabricados especialmente para los experimentos, por el autor de esta monografía. En laboratorio, previo a la realización de ensayos, se verifica que los sensores de caudal proporcionan valores correctos comparando las medidas en un banco de ensayo que incorpora un sensor de placa orificio que cumple con las especificaciones descritas en las normas UNE-EN-ISO-5167-1/2 (AENOR, 2023, 2003a). La norma describe las características que debe tener la instalación y la placa orificio, y como obtener el caudal a partir de una medida de presión diferencial, proceso basado en la aplicación de la ecuación de Reader-Harris/Gallagher (Reader-Harris et al., 2021).

El software de control de la instrumentación se ha desarrollado y programado a medida para esta aplicación. Se puede ver el aspecto general de la interfaz desarrollada en la figura 7.7. La interfaz permite fijar o no el tiempo durante el cual se realiza la adquisición de datos y si los datos se graban a disco o simplemente se muestran por pantalla. Tanto si se graban como si solamente se muestran por pantalla, se puede configurar la frecuencia de muestreo de las medidas de presión P_e y caudal Q, en Hz. Otros parámetros que solicita el software son la densidad (en kg/m^3) y la viscosidad dinámica (en Pa·s) del aire, que dependen de la temperatura, presión barométrica y humedad relativa medidas durante el ensayo.

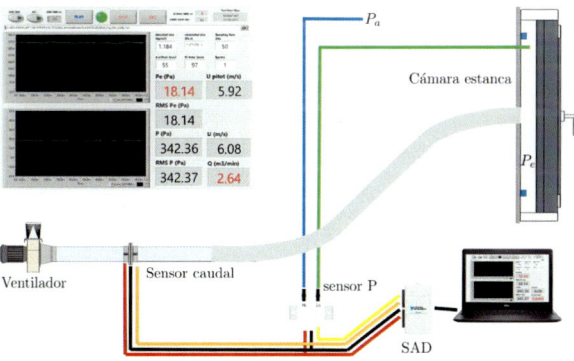

Figura 7.7: Esquema del sistema de medida e inserto con el aspecto del software de medida.

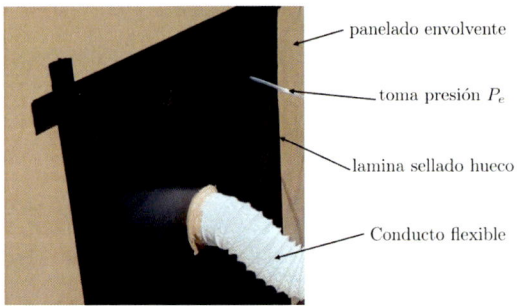

Figura 7.8: Detalle de la cámara estanca instalada en la parte exterior de la envolvente en obra. Puede verse la toma de presión (P_e) del interior de la cámara, el conducto de aspiración hacia el ventilador.

Bibliografía

AENOR, 2003a. UNE-EN ISO 5167-2. Medición del caudal de fluidos mediante dispositivos de presión diferencial intercalados en conductos en carga desección transversal circular. Parte 2: Placas de orificio. Tech. rep., Asociación Española de Normalización AENOR.

AENOR, 2003b. UNE-EN ISO 5167-4. Medición del caudal de fluidos mediante dispositivos de presión diferencial intercalados en conductos en carga desección transversal circular. Parte 4: Tubos Venturi. Tech. rep., Asociación Española de Normalización AENOR.

AENOR, 2015. ISO 9972. Prestaciones térmicas de los edificios. Determinación de la permeabilidad al aire de los edificios. Método de presurización con ventilador. Tech. rep., Asociación Española de Normalización AENOR.

AENOR, 2017a. UNE-EN 1026. Ventanas y puertas. Permeabilidad al aire. Método de ensayo. Tech. rep., Asociación Española de Normalización AENOR.

AENOR, 2017b. UNE-EN 12207. Ventanas y puertas. Permeabilidad al aire. Clasificación. Tech. rep., Asociación Española de Normalización AENOR.

AENOR, 2020. ISO 3966. Measurement of fluid flow in closed conduits. Velocity area method using Pitot static tubes. Tech. rep., Asociación Española de Normalización AENOR.

ENSAYOS DE PRESURIZACIÓN ESTACIONARIA

AENOR, 2023. UNE-EN ISO 5167-1. Medición del caudal de fluidos mediante dispositivos depresión diferencial intercalados en conductos en carga desección transversal circular. Parte 1: Principios y requisitos generales. Tech. rep., Asociación Española de Normalización AENOR.

ASTM, 2004. ASTM E283-04. Standard Test Method for Determining Rate of Air Leakage Through Exterior Windows,Curtain Walls, and Doors Under Specified Pressure Differences Across the Specimen. Tech. rep., American Society for Testing and Materials ASTM.

Baker, P., Sharples, S., Ward, I., 1987. Air flow through cracks. Building and Environment 22 (4), 293–304.

CTE, 2019. Código Técnico de la Edificación. Documento Básico de Ahorro de Energía (DB-HE). Tech. rep., Ministerio de Fomento (MITMA).

Etheridge, D., 1977. Crack flow equations and scale effect. Building and Environment 12 (3), 181–189.

Etheridge, D., 1998. A note on crack flow equations for ventilation modelling. Building and Environment 33 (5), 325–328.

Hitchin, E., Wilson, C., 1967. A review of experimental techniques for the investigation of natural ventilation in buildings. Building Science 2 (1), 59–82.

Huera-Huarte, F., 2014. HVAC aerodynamics of a commercial vehicle using flow visualisation and DPIV. Tech. rep., Universitat Rovira i Virgili and IDIADA Automotive Tech.

Jokisalo, J., Kurnitski, J., Korpi, M., Kalamees, T., Vinha, J., 2009. Building leakage, infiltration, and energy performance analyses for finnish detached houses. Building and Environment 44 (2), 377–387.

Lagus, P., Persily, A., 1985. A review of tracer gas techniques for measureing airflows in buildings.

Nyquist, H., 1928. Certain topics in telegraph transmission theory. Transactions of the American Institute of Electrical Engineers 47 (2), 617–644.

Orme, M., 2001. Estimates of the energy impact of ventilation and associated financial expenditures. Energy and Buildings 33 (3), 199–205.

Poza-Casado, I., del Tío, P. R., Fernández-Temprano, M., Ángel Padilla-Marcos, M., Meiss, A., 2022. An envelope airtightness predictive model for residential buildings in spain. Building and Environment 223, 109435.

Reader-Harris, M., Forsyth, C., Boussouara, T., 2021. The calculation of the uncertainty of the orifice-plate discharge coefficient. Flow Measurement and Instrumentation 82, 102043.

Retrotec, 2020. Blower Door Operation. Retrotec, Everson, WA USA.

Sharples, S., Closs, S., Chilengwe, N., 2005. Airtightness testing of very large buildings: a case study. Building Services Engineering Research and Technology 26 (2), 167–172.

Sherman, M. H., 1980. Air infiltration in buildings. Ph.D. thesis, Lawrence Berkeley Laboratory, University ofCalifornia.

TEC, 2012. Minneapolis Blower Door peration Manual. The Energy Conservatory, Minneapolis, MN, USA.

Thomas, D., Dick, J. B., 1953. Air infiltration through gaps around windows. J. Institution Heating Ventilation Engineers 21, 85–97.

Walker, I. S., Wilson, D. J., Sherman, M. H., 1998. A comparison of the power law to quadratic formulations for air infiltration calculations. Energy and Buildings 27 (3), 293–299.

ENSAYOS DE PRESURIZACIÓN ESTACIONARIA

Zheng, X., Cooper, E., Gillott, M., Wood, C., 2020. A practical review of alternatives to the steady pressurisation method for determining building airtightness. Renewable and Sustainable Energy Reviews 132, 110049.